我们的孩子在呼救

一个儿少精神科医生与伤痕累累的孩子们

谢依婷 / 著

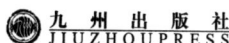

图书在版编目（CIP）数据

我们的孩子在呼救：一个儿少精神科医生与伤痕累累的孩子们 / 谢依婷著. -- 北京：九州出版社，2024.3
　　ISBN 978-7-5225-2638-6

Ⅰ.①我… Ⅱ.①谢… Ⅲ.①儿童心理学 Ⅳ.①B844.1

中国国家版本馆CIP数据核字(2024)第045619号

Copyright ©2020 谢依婷
中文简体字版由宝瓶文化事业股份有限公司授权独家出版
著作权合同登记号：图字：01-2022-3044

我们的孩子在呼救：一个儿少精神科医生与伤痕累累的孩子们

作　　者	谢依婷 著
责任编辑	牛 叶
出版发行	九州出版社
地　　址	北京市西城区阜外大街甲35号（100037）
发行电话	（010）68992190/3/5/6
网　　址	www.jiuzhoupress.com
印　　刷	天津中印联印务有限公司
开　　本	889 毫米×1194 毫米　32 开
印　　张	7
字　　数	148 千字
版　　次	2024 年 3 月第 1 版
印　　次	2024 年 5 月第 1 次印刷
书　　号	ISBN 978-7-5225-2638-6
定　　价	39.80 元

★ 版权所有　侵权必究 ★

家长的回馈

孩子的燃料，来自我们的肯定

我就像许多特殊儿童的家长一样，曾经茫然。

我们一直被告知孩子有问题，却没人有办法可以彻底解决。

是的，这样的孩子，麻烦事总是一件接一件。在刚要松口气的时候，下一个事件却又悄悄地浮出水面……所幸这样的压力，在遇到适合的医疗团队后，是可以得到缓解的。

从孩子小时候起，我就不介意带他上医院看儿心科[①]。儿心科就像孩子的充电站。

在就诊的过程中，我发现儿心科的医生真的好会同理这群一直被误解的孩子。

孩子在诊室可以尽情扭动，不会有人老要他乖乖坐好；在会谈的过程中，孩子一直被鼓励，可以加满油，再自信地走出诊室，连我也是在这样的过程中，逐步化解了与孩子的对立和误解，得到了疗愈。

[①] 儿心科，全称为"儿童心智科"，是台湾地区对"儿童青少年精神科"的一般惯用叫法，大陆常简称为"少儿精神科"。——编者注（若无特殊说明，本书脚注均为编者注）

甚至到后来，陪孩子看诊的我，总会很认真地听医生与孩子的对话，因为在这样的互动里蕴藏着许多教养与陪伴孩子的技巧。

孩子在沮丧时，曾跟我说他以后不要生小孩，他不想有个孩子像他一样受苦……

但我想说的是：很感谢有这个孩子，因为他我才有机会了解这群特殊的孩子。也许这个学习会持续一辈子，但又何妨！

——阿浩的妈妈

孩子上幼儿园时的状况不少，当时我们就怀疑孩子是亚斯①加多动型。

直到上小学一年级后，发现孩子只对某些科目有极大的兴趣，没兴趣的科目就不愿投入。做事一定要按照既定的流程和步骤，无法接受任何弹性，不然就会大发雷霆。身为家长的我，几乎天天到学校找老师沟通。那时我心想：如果连身为妈妈的我都不能替孩子找到原因、解决问题，这个孩子只会更孤单，更认为没人了解他。

我找上了谢依婷医生。谢医生在听完孩子的情况及做完心智

---

① 亚斯，指亚斯伯格综合征（大陆称阿斯佩格综合征），属于孤独症谱系障碍，具有与孤独症同样的社会交往障碍、局限的兴趣和重复刻板的活动方式，区别在于亚斯伯格综合征没有明显的语言和智力障碍，是孤独症谱系障碍中症状较轻微的一类疾病。

评估后，告诉我，孩子具有亚斯特质。其实，我早就知道孩子有这些特质，看医生只是想要一个确定的答案。

亚斯孩子不特别，只是需要了解。和他们相处，处处是惊喜。

谢谢谢医生出版这本书，让人们不会刻板地认为亚斯人极聪明，但难相处。在生活中，他们是很可爱的一群人。

——贤贤的妈妈

记得子宁刚出生时，为了帮她取个好名字，与老婆拿了子宁的生辰八字，找算命仙子欲好好卜卦一番，谁知"仙子"语出惊人："这小女娃与老爸比较有缘喔！"老婆语带醋意地望着我说："上辈子的情人来找你啰！"

但当老婆产下第二个孩子时，一场突如其来的意外，彻底撕碎了我和子宁的心。

在失去爱妻的三千多个日子里，非常感谢上苍巧妙的安排，让我"上辈子的情人"待在我身边。这位"情人"与我共同照顾了爱妻留下的小男娃（当时六个月大，姐弟相差六岁），也因为有子宁像个小妈妈似的照料及教导，这个小男娃才得以成长得更茁壮。

但也许是我自己的私心或无心，在某个时期，我忽略了子宁心里的感受，导致她行为的异样——自残。也因为这样，我与儿心科的谢医生结下了善缘。

"儿心科"——想象中，多么令人望而却步。从前年少轻狂的我，未曾想过有朝一日会踏入儿心科的诊室。

如今回想起来，反而有种小确幸的感觉，非常感谢成大医院谢医生的医疗团队的协助，借由专业的医生，让我"上辈子的情人"在毫无压力的情况下，将憋在内心的话，一股脑儿倾吐出来，得以舒缓。而经由谢医生系统的汇整、分析及建议，我开始懂得放下自己的身段及私心，与孩子站在同样的高度去看世界。渐渐地，我发觉与孩子更容易沟通，也进一步察觉到孩子与我有很多梦想可以一起追逐。我和"情人"相约，将一起追梦、筑梦，并圆梦。

多年之后，在子宁步入红毯的那一刻，若牧师问我，是否愿意将"上辈子的情人"交给（现今我尚不认识的）这个男人，我想，我会很不舍地反问牧师："我可以说'不愿意'吗？"

——爵梦凡（子宁的爸爸）

弟弟一岁九个月时，周五下午的门诊——因孩子无口语与眼神接触，医生建议尽快进行早疗，当时我断然拒绝相关书籍的推荐、迟缓辅助与治疗申请手册，觉得看了、申请了，就承认我儿是了。直到夜深人静，才上网查资料，而结束后，总要清除搜索资料才安心。

在早疗复健的长路上，我们期待弟弟的进步，战战兢兢，如履薄冰，点滴在心头。

这条路上，家人给予弟弟全力的支持，孩子也有幸得到专业医疗团队的帮助。感谢医生，语言、职能、物理、心理治疗师们，社工与早疗机构的专业，让他跨出了一大步。

从幼儿园到小学，弟弟拥有老师们更多的关爱、教育与陪伴。我们除了喜悦与感恩，更庆幸孩子有福气。

再多的文字，都说不完父母的感谢。疗育是条不简单的漫漫长路，而专业团队的鼓励与帮助，绝对是让我们全家继续往前走的能量与动力。

——蓝翼的妈妈

蓝翼的画

目　录

【家长的回馈】孩子的燃料，来自我们的肯定　　　I

"没有人看见一个少年正在被强暴"
——他头痛，他沉默，他以自己的血写秘密日记　　　2

"这样他就会死掉了！"
——四岁女孩拿玩具刀，疯狂地把黏土人切割成碎块　　　10

"好想从这个世界上消失"
——少女画出美丽的玫瑰，飘落的不是花瓣，而是鲜血　　　19

"我好怕自己做出傻事，伤害身边的人……"
——文静乖巧的女孩反锁房门，一口气吞了五十几颗药　　　28

"我就是不知道要怎么才能不乱想……"
——高二孩子自己来看诊，因为担心爸爸，又不想让爸爸担心　　　36

"如果我马上送她去医院，说不定她就不会死了"
——最好的朋友死了，少女一滴眼泪都没有掉　　　　　　45

"其实我也知道不该妨碍爸爸追求幸福……"
——留着俏丽马尾的少女，因为拔毛症，把自己拔到快秃头　　53

"有时候我真的好讨厌自己"
——她细数着妈妈的男朋友们，飞舞的手上是密密麻麻的割腕伤口　　　　　　　　　　　　　　　　　　　　　　　60

"我觉得一切都好假……"
——他对着妈妈失控暴吼，在发现爸爸外遇之后　　　　68

"算了，我自己和自己玩也可以很开心"
——一讲到朋友，孩子脸上的光芒暗去，头也低了下来　　78

"医生阿姨，我真的好想我阿嬷……"
——一直是和阿嬷来的活泼男孩，失联了一年再出现，变得面无表情　　　　　　　　　　　　　　　　　　　　　85

"有时候我都觉得根本就是我来看诊……"
——妈妈陪孩子来看诊，越讲，越心酸地哭了　　　　93

"医生，有没有办法让我更专心？"
　　——少年穿着全身迷彩、戴头盔、背刺刀，坐在书桌前面念书　　102

"我哪有乱讲话，书上明明就是这样写的"
　　——他迷上了医疗知识，从知道妈妈患了癌症开始　　110

"我再也不要踏进校门一步"
　　——听见一群同学在背后讲她坏话，她直接走向前，把奶茶
　　泼在同学脸上　　117

"我在家也可以有志于学啊"
　　——少女从小就是班上的边缘人，只有唯一感兴趣的古文是
　　好朋友　　125

"妈妈，为什么你眼睛会流出液体？"
　　——他卡在不会写的题目上，卡到哭了，就是没办法不按照顺序，
　　跳过不理　　131

"生而为人，我很抱歉"
　　——两年来没有对我说过一个字的女孩，写下了她满满的
　　悲伤与无助　　139

"我的孩子不可能是孤独症！"
——幼儿园的毕业舞台剧，老师排除万难让孩子上台，
演一棵苹果树　　　　　　　　　　　　　　　147

"我从小数学就用背的"
——一直到上了大学，她才发现，自己念数学的方法好像
和别人不一样　　　　　　　　　　　　　　155

"有人陪我玩，我好开心"
——这个五岁男孩，从出生以来，就没有被大人好好注意过　166

"是不是我太常打他，这孩子才变这样？"
——教室里，他坐在孤零零的垃圾桶旁边，其他同学都离他
特别远　　　　　　　　　　　　　　　　　173

"我希望变得更聪明，以后赚大钱，盖一间大房子"
——作业缺交、冲突受伤……几乎每两三天，他的联络簿上
就会有红字　　　　　　　　　　　　　　　182

"我自己是老师，结果连自己的孩子都教不好……"
——两岁多女儿的自闭症状，让妈妈挫折自责，怎想到
那竟是一种罕见病　　　　　　　　　　　　190

"我太自私了，只顾自己难过，忽略了孩子的感受……"

——妈妈过世后，爸爸也缩入自己的世界，孩子变得更暴躁易怒、更不安 　　　　　　　　　　　　　197

【作者后记】 这是我的儿心科素描本 　　　**207**
【出版后记】 听懂孩子的呼救 　　　**211**

孩子的心里其实很吵，
可是说不出口。

"没有人看见一个少年正在被强暴"

——他头痛，他沉默，他以自己的血写秘密日记

养鱼男孩有着宽而大的额头和瘦长的手脚，总是穿着他们高中的运动服。

在他木讷的外表下，有着混乱、毁灭，却又生机勃勃的内心。

———〰———

他一开始是因为**长期头痛**，被小儿神经科转介过来的。妈妈絮絮叨叨地滔滔抱怨了一大篇。

"医生，他本来都很乖啊，功课也都不错，只是特别喜欢养鱼，养得整个房间都是，我实在受不了了。可是高一开学后，他就常常说头痛，每次一痛就会说没办法去学校，看了很多医生也都没好，后来神经科就说要来看心理科，说他是压力太大。才学生而已，这么单纯，会有什么压力……"

妈妈的连珠炮听得我头都有点痛了。

我眼前的养鱼男孩回避着他人的视线，不发一语。

"以前不会这样吗？初中的时候呢？"我直接问孩子，挡住倾身向前发言的妈妈。

"还好。" 淡淡的两个字，诉说的大概是不被理解的愤怒。

这次门诊，不管我说什么，养鱼男孩说出口的话从没超过两个字。

信息过少，我只好向妈妈咨询其他背景资料，得知养鱼男孩是家中颇受期待的长子，爸爸开店，每天都要很早起床，养鱼男孩假日也会在店里帮忙，爸爸的教育比较军事化，觉得男孩子就该有男孩子的样子。

陆续回诊几次后，养鱼男孩仍然是"省话一哥"，妈妈依然疯狂抱怨。而他的头痛依旧顽固。

有时我盯着他宽大的额头，觉得那好像是一块千古山壁，里面不知是否有着滚烫的岩浆。

终于有一次，妈妈去洗手间，没有跟养鱼男孩一起进来，我和他在诊室大眼瞪小眼。

我眼睛扫了下他的手提袋："你在看什么书？"

他顿了一下，反问我："你想看吗？"

是《房思琪的初恋乐园》，非常火的一本书。

"你喜欢这本书吗？"我问。

"很可怕……太写实了。"

他说着说着，竟然有些发抖，我瞬间感受到一阵恐惧。

"你觉得哪些部分最写实？"

他没答话，默默从手提袋中拿出一本像日记的东西，眼看正要递到我手中，诊室门突然被"砰"的一声推开，妈妈边擦着手边走了进来。养鱼男孩手一缩，日记又落进他的手提袋里。

接着，他轻轻地对我摇了摇头，我只好东拉西扯，草草结束了这次门诊。

―――∧―――

下次门诊他又来了，我没忘记上次那个差点打开的秘密盒。请他妈妈离开后，他很快拿出了那本日记。

一翻开，血腥气扑面而来，上面拘谨的红色字迹写成一行一行的控诉。更令我难受的是，原本白色的笔记本被某种液体涂成了咖啡色。

"这是？"我指着咖啡色的部分问他。

他默默卷起袖子，一道一道的伤痕密密麻麻的，液体的来源不言而喻。

第一页写着：

　　今天买了《房思琪的初恋乐园》，几乎没办法读，太可怕太写实了。让我想起一年前公车上那件事……那男人粗暴的手指，抓着我最脆弱的地方，我想大叫，可是我不行，一个男生这样太丢脸了。那些脸孔都冷漠地望着车窗外，没有人看见一个少年正在被强暴。

　　突然间，那些血迹似乎都不算什么了，文字书写的内容比之可怖千万倍。

　　我一定是紧皱着眉头，因为当我抬头望着养鱼男孩，看见他的表情也十分狰狞痛苦。
　　"有别人知道这件事吗？"我声音干干的。
　　"我有跟爸妈说，他们觉得这不可能发生。"看我疑惑，他继续解释，"他们觉得男生不会遇到这种事。他们说，就算真的发生，没有证据，也找不到犯人了，叫我放下，不要再去想这件事，专心念书，上好大学。"
　　养鱼男孩生在传统的家庭，被寄予传统男性形象的期望，应该要阳刚、顶天立地，因此遇到这样"丢脸"的事情时，他无处诉说，夜夜做着摆脱不掉的噩梦。
　　每天要搭公车上下学的他，总是一上车就左顾右盼，高度警觉，虽然没再遇到过那样的事情，但每个穿着西装的男子都让他心惊肉跳。老师说可以在坐车时背单词，这对他来说是不可能做到的事情。

"我喜欢养鱼胜过人。鱼的世界很单纯，你给它们阳光、空气、水，它们就会活着，觅食，繁殖。但人太复杂了，人所组成的世界变数太多，人有情绪，太难解了。"经过几个月的咨询后，养鱼男孩这样跟我说。

他养的是热带鱼，学校生物老师在这方面的知识已经不及他丰富，他自己找了大学的教授，做科展、开办小学生营队。

"在海边的晚上，我一个人带着手电筒去探险。其实晚上的海边很热闹，沙滩上跟潮间带①都有很多生物活动，听着潮水的声音，我心里好像就可以比较安静。"

养鱼男孩心里很吵，但他很难说出口，整个人就像沉在深深的海底。

每次到诊室，我依然要盯着他坚硬的额头好几分钟，他才会浮出水面，打破沉默。不知是不是我的错觉，他说得多一点，

---

① 潮间带，指平均最高潮位和最低潮位间的海岸，也就是海水涨到最高时所淹没的地方至潮水退到最低时露出水面的区域。

下次血书的内容好像就会减少一点。

我跟他妈妈谈过几次,妈妈表示实在不知道怎么和他谈心。不善言辞的爸爸更是不谈则已,一谈到儿子的忧郁就大动肝火。有一次,男孩说他情绪状态不佳,实在没办法早起去店里帮忙,爸爸气到骂他自甘堕落当个疯子,然后把他房间里的鱼缸全部放干水,将鱼儿全部丢弃。

于是下次回诊,日记本的咖啡色更深了……

"那些热带鱼都死了,再也不能回到海里了。"一行红色的字写着。

我邀请爸爸来门诊和我谈谈,但爸爸总是说他要工作没办法。

妈妈虽然希望可以从中扮演沟通桥梁的角色,但她本身是急性子,也很难与步调很慢的养鱼男孩搭上线。

有时我也会怀疑,在没有爸妈参与的情况下,我到底可以帮上孩子什么忙呢?

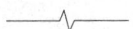

不知不觉,养鱼男孩就这样和我从高一谈到了高三。每次开始之前,他那长长的沉默,仿佛成了我们之间一种心领神会的

仪式。不变的深蓝手提袋、运动服、宽阔的额头；他依旧偶尔说头痛，常常觉得情绪低落，或是与爸妈冲突之后，自我伤害。

而我们讨论的主题，从房思琪、养鱼、爸妈，慢慢变成大学申请入学的备审资料和面试。

"如果特殊选才[①]，我应该可以申请海洋系。"养鱼男孩说道。

"爸妈那边呢？"我记得他爸妈希望他读信息或工程相关的专业。

"不知道欸，最近他们倒是没说什么，可能是放弃我了吧。"他苦笑着说。

我一边翻阅着他独力准备的备审资料，一边跟他提点面试技巧，突然想起，他那本血泪斑斑的日记好像很久没出现了。

"你那本日记呢？"我问。

"噢，很久没写了欸。"他不好意思地搔搔头，"我最近都在发 INS 和粉专[②]。医生，你要看吗？"

他拿出手机，熟练地打开他的 INS，里面满满都是鱼、珊瑚、海草，也有几张他笑得开怀的照片。

[①] 特殊选才，台湾地区的一种升学通道，其用意是希望大学招生能够多元化，各校系针对具有特殊才能、经历或成就的学生开放名额，学生只要符合大学的招生条件，可不必经由学测、指考，就有机会入学就读。

[②] 粉专，Facebook 的粉丝专页，专门为生意、组织、企业或名人而设，个人账号如果被设成管理员也可以发粉专。

"这是我去海边小学营队的照片，那边的小孩都很欢迎我们，而且学校旁边就有很丰富的潮间带生态，晚上我也会带几个感兴趣的小朋友去夜游。"他开心地介绍着。

"爸妈现在好像比较少干涉你做这些事了欸。"我突然发现。

"好像是欸，我说我要去念海洋系，他们也默默地就签名了。"养鱼男孩腼腆地笑着。

我突然看见他爸妈像板块漂移一样的缓慢改变——虽然嘴上不说，也不出现在诊室，但他们用自己的方式，渐渐松开了对孩子的束缚。孩子成长的环境慢慢改变了。

于是，养鱼男孩就这样在一次又一次的生死冲撞中，辛苦地长成更靠近自己的样子，身体更加强壮，"鱼鳍"更加有力。如今，在快要进入大学的现在，他即将跃入大海。

我瞥见他脚边的手提袋中放着书。

"最近看什么书呢？"

他默默拿出一本《普通心理学》。

"看不太懂，不过，空闲的时候就慢慢看。"他边翻边说，上面有些划线笔记。

孩子的进化速度与能力，总是让人惊叹，就像养鱼男孩的成长持续发生着。给他们适当的阳光、空气、水，他们终会长成足以独当一面的样态。

"这样他就会死掉了！"

——四岁女孩拿玩具刀，疯狂地把黏土人切割成碎块

温柔的心理师对小祺说："不可以让别人伤害你。你知道什么叫作伤害吗？"

"伤害就是，"小祺一边玩着手中的黏土，把它捏得很薄很薄，直到出现一个破洞，一边回答，"爱破掉了。"

那是小祺第二十二次的心理治疗。当时还是儿心科训练医师[①]的我，跟着心理师的脚步，一起陪伴小祺已经五个多月了。

四岁的小祺，生得冰雪可爱，眉清目秀的她皮肤很白，任何人看了都会觉得她长大一定是个美人。小祺的妈妈也长得不俗，独自经营着一家宠物店，听说店里的男客比例特别高。初中毕业的她，勉勉强强地支撑着母女俩的生计。

小祺是由门诊的主治医生转介来做心理治疗的，还在受训的我希望了解儿童心理治疗如何进行，于是就自告奋勇，跟着有

---

① 儿心科训练医师，指考过精神科专科医师后，正在接受儿心次专科训练，将要成为儿童青少年精神科专科医师的医师。

经验的心理师一起进行这项治疗。

她被转介来的原因是：被娃娃车①的司机性侵长达五个月。

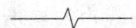

因为妈妈开店忙，一开始小祺反映屁股痛时，妈妈只觉得孩子的肛门处红红的，并没有觉得有什么不对。直到长期关怀小祺家的社工察觉到那阵子小祺**特别容易生气，不像以前总是笑脸迎人，有时候还会趴在地上，把屁股翘高，做出一些不雅的姿势**，这时社工才惊觉有异，连忙通报社会局②。

进入侦查之后，娃娃车司机也坦承确实曾经性侵过这个孩子，但他辩称只有一两次，而年仅四岁的小祺又说不清到底有几次。

"仔细想想，去年秋天之后，她就开始常常哭闹，变得很卢③。有时候我下班也很累，哄她哄不动，会想修理她。每次她哭一哭睡着了，我一起身要去做家务，她就又会被惊醒，吵着要我抱她。而且晚上都不能关灯睡觉，一关灯，她就会哭着醒

---

① 娃娃车，一种学童交通工具，通常用以接载小学或幼儿园学生。
② 社会局，台湾地区市一级的政府机关，社会工作一般由其主管。
③ 卢，闽南语，形容人又傻又倔强、胡搅蛮缠。

过来……也常常一边做噩梦，一边喊……"

妈妈和小祺第一次来到治疗室，在我们的询问下娓娓道来。小祺在旁边的白板上画画，一条长长的线绕来绕去，仿佛没有尽头。

"后来发生这件事情，我也很自责。但我能怎么样？她又没有爸爸，我也没有时间去接她放学，只好让她坐幼儿园的娃娃车，谁知道会这样。"

"小祺的爸爸……你们现在还有联络吗？"

心理师提问，只见妈妈冷笑了一下。

"医生，你们不知道小祺是怎么来的吗？"妈妈的语气几乎不带任何起伏，平静得有点令人毛骨悚然。"当初我跟小祺的爸爸是在网络上认识的，第一次见面，他就把我带去他家，这样摸那样摸，我一直说不要，结果他就强暴我。后来就有了小祺。"

我和心理师交换一下眼神，各自深吸了一口气。

"所以现在那个人……"

"四年了，应该出狱了吧。"妈妈幽幽地说。

"小祺知道这件事吗？"心理师压低音量问。

"我也不晓得她知不知道欸。我是不太避讳在她面前说啦，反正她迟早会知道。"

"那她没问过爸爸去哪了吗？"

"我都跟她说，没关系啊，你看，店里有好多客人都想当你的爸爸，你有好多爸爸疼啊。"

妈妈的宠物店里的男客人们都很喜欢小祺，常常把小祺抱在大腿上，有一些亲昵的举动，而妈妈从未阻止。也因为这样，小祺对于身体界限的观念，从小就一直比较模糊。

"哇，你画了好多哟！可不可以跟老师说你画了什么？"问完妈妈，心理师把焦点转到小祺身上。

白板上，有一个人，有长长的黑线不断绕圈，终点连到一栋房子。

"这个人是谁呀？"心理师问。

"他有戴眼镜。"

"谁有戴眼镜啊？"

"司机伯伯。"

小祺说这四个字的时候，把眼睛别开白板，开始赖在地上。

"那栋房子是什么呢？"

"是我和妈妈家。"

"那这条好长好长的线是？"

"是路。"小祺用手指描绘着那些黑线，弄得手指黑麻麻的。

妈妈说："她常常画这种画，我和社工在猜，应该是因为那个司机常常载她绕路，中间有去做一些坏事，所以她就觉得回家的路很长。事实上，从幼儿园到我们家很近。"

小祺的手继续在白板上走啊走的，走到一半，被一旁的海盗玩具吸引了，心理师和她约定好，如果回家之后，她可以逐渐学着把灯关小睡觉，下次来的时候，我们就可以陪她玩海盗玩具。

———✦———

经过每周一次的治疗，妈妈说，小祺渐渐可以关灯睡觉了，晚上做噩梦的频率也大大减少。

然而，在心理治疗时，小祺有时还是会突然火山大爆发。

"你想要做什么呢？"心理师一边捏着黏土，一边问小祺。

这回的治疗，我们准备了无毒黏土跟她玩。

原则上，我们会准备一两样这次要玩的东西，但如果当天她想要玩别的东西，只要遵守治疗室的规则，我们也会尊重孩子的选择。

"我要做司机伯伯。"小祺专注地捏着，我和心理师又交换了一次眼神。

小祺很快就用蓝色的黏土捏出一个人形，然后丢下黏土，到玩具柜不断翻找。

"你在找什么呢？"

"煮饭的呢？"

小祺挑了一把塑料刀、一只叉子、一个锅子及一个玩具瓦斯炉。接着，她回到人形黏土旁边，拿着刀子，有些犹豫。

"你想要把司机伯伯怎么样呢？"心理师问她。

小祺开始拿刀子切割人形黏土，起先轻轻地切……到后来越来越激烈，右手拿着刀子，左手拿着叉子，开始疯狂地把人形黏土切割成碎块。

"你把司机伯伯变成碎块了，这样他就没办法欺负你了。"心理师在旁边静静地说。

接着小祺把这些黏土放入锅中，将锅子摆到玩具瓦斯炉上。

"你想把司机伯伯煮一煮，这样他就不会再跑出来欺负小祺了，对不对？"

"这样他就会死掉了！"小祺清楚地说出口，然后她跑到旁边的巧拼地垫上，双手趴地，翘高屁股，乍看像是在翻跟斗，但这个动作却令人越看越不舒服。

"小祺现在已经变得很强壮了，不会再被司机伯伯欺负了。"心理师对小祺说："你看，司机伯伯已经变成汤了，你要喝汤吗？"

小祺从地上爬起，冲过来把锅子扔到墙角，然后再用一个枕头盖住了锅子，自己坐在上面，两脚晃呀晃的。

"你不要喝这个汤，你想要司机伯伯不要再出来了。"

像这样充满愤怒与张力的治疗，持续了大约十几个礼拜。

每当自由创作，像是画画、捏黏土、剪贴时，小祺就会不自觉地选择"司机伯伯"或"回家的长长的路"这两个主题。就算只是拿娃娃做角色扮演，只要有看起来是男性的角色，小祺也都会说那是司机伯伯。并且，她会对自己创作出来的"司机伯伯"表现得又生气，又害怕。

不断地重演事件发生的细节，好远的家、长长的路，每每让我和心理师看得心疼，只能通过角色扮演让小祺一次次学着做出一些改变。在不同的游戏情境里，她学会说出"我不喜欢你碰我的身体！""你走开！""救命！"等拒绝不当身体碰触的求救词汇，并且一次又一次地变成英雄，打败了司机伯伯。

同时，小祺妈妈的教养方式也需要调整。我们请她不要一直用买新玩具的方式安抚小祺，取而代之的是带她去户外走走。并且当小祺过于任性时，必须同理小祺的情绪，但也要坚持原则和底线。

治疗超过四个月之后，小祺的画作内容第一次出现了海边：有大大的黄色太阳在天上笑着，海里有很多鱼，海滩上有很多人在玩（甚至种花？）。

最重要的是，没有提到司机伯伯。

"这是上次我和妈妈去海边玩的。"小祺灿笑着说。

治疗近半年时，小祺需要出庭。

明显能看出当她得知这消息后，十分焦虑。她又开始绕着治疗室跑、不收玩具、把玩具扔在我们身上等。我们用好几次的治疗时间去处理她的情绪，陪她一起想出庭那天要怎么办，并且再三向她保证不会遇到司机伯伯。

开庭过后，小祺的情绪又花了好几周才平复下来。

妈妈说小祺自从看了《功夫熊猫》之后，就吵着要上功夫课，但她觉得女孩子就是应该学舞蹈或钢琴。我们告诉妈妈，或许小祺是觉得学了功夫就可以保护自己呀。

妈妈若有所悟，似乎不再那么固执己见。过几周后，小祺穿着一身空手道服来了，看上去厉害又帅气。

生命总是脆弱又坚韧，爱与信任破碎之后，只能慢慢地拼凑。希望这段黑夜中的陪伴，可以成为一盏灯，伴着孩子走到天亮，看见海边的日出。

你可能以为……

"还是个孩子而已,会有什么压力。"

"好想从这个世界上消失"

——少女画出美丽的玫瑰，飘落的不是花瓣，而是鲜血

小九这次来，带了一张圣诞贺卡，我拿在手里端详，她笑着跟我说："圣诞节过了这么久才给你。"

我开玩笑回："都要变新年贺卡了呢。"

卡片上，一名清秀少女坐在床上，披散着一头棕色长发，手里捧着一颗星星，粉红色床单上滚落着缤纷圆润的圣诞灯饰，一个托盘上盛着手工饼干和姜饼人。画风温暖细致，连床单的褶皱、灯泡的反光、少女的发丝都十分栩栩如生。

卡片背面没有任何字，因为这张卡片就是小九亲手画的。

———〽———

小九是看我门诊最久的病人，当我还是刚出道的总医师[①]时，她就挂进我门诊了。当时她还是高中生，由妈妈带着来，

[①] 总医师，年资足、经验够的住院医师们的头头。

稍有忧郁倾向的她纤细白瘦,颇有病态美少女的味道。

当时她说,好想从这个世界上消失。

她吃得少,睡得乱七八糟,因为正在准备大学指考[①],妈妈很担心小九的身体。

"她有时一天只吃一片饼干!"妈妈对我抱怨。

"啊我就是不想吃啊,看到东西就想吐。"小九在旁边嚷嚷,"而且她有时候在旁边就这样一直念一直念,我头都快爆炸了!只会更想吐好不好!"

"妈妈,**她现在就是不喜欢你在旁边碎碎念啦,所以你要关心她的话,不如就熬一碗鸡汤,默默放在她桌上,让她饿了自己吃**。小九其实也知道你很关心她的,对不对?小九?"

我左边说说,右边讲讲,每次都在当这对母女的调解员。

———〜———

有时母女俩吵了架来,气呼呼的,不想一起进诊室,我只得先跟小九谈,再和妈妈谈,弄清楚到底是哪里的沟通出了问题。

---

① 大学指考,指大学入学指定科目考试,为台湾地区的大学入学方案中三大考试之一(另两种为大学学科能力测验、四技二专统一入学测验),由"财团法人大学入学考试中心基金会"举办,2002年废除联考后开始实施。

最后再请她们两位一起进来。

"妈妈最近好像发现我交了男朋友，可是她也不直接问我，就那样偷看我手机。偷看手机就算了，还不小心已读不回我同学的信息，笨死了，害我同学还以为是我不理他，你说我生不生气！"小九单独进来时说。

"那为什么你不想让妈妈知道呢？"我问。

"因为她一定会说那个男生配不上我。她以为她女儿有多好，其实根本就没有……我爸就只有生我一个女生，我阿公①每次都说生女儿没用。我表哥那么废，大学毕业了也不工作，还向家里拿钱，阿公还是比较喜欢他。阿公也都一直骂妈妈生不出男生，好像是我害得我妈在家里抬不起头一样……"

家中的重男轻女，一直都是小九心中的痛。

她说完了，擦干眼泪出去，换妈妈进来。

"其实我知道她交男朋友了。我不是不赞成她交，只是那个男生比她大，我怕她被人家欺负。她小时候，我是真的比较忽略她的感受，因为婆家给我的压力很大，他们很想要男孙，偏偏我就是生不出男孩来，所以有时候看到她就生气，有时候还

---

① 阿公，在台湾或闽南地区，爷爷、外公都叫阿公，奶奶、外婆都叫阿嬷，此处指爷爷。

会骂她没用。我有时会想,小九得忧郁症,会不会都是我的错……所以我现在很努力想要修补啊。你看,我每次都陪她来看诊,想要多关心她,结果她都嫌我啰唆。"妈妈也泪眼婆娑。

"妈妈,你要不要试着把你刚刚对我说的这些告诉小九?或许可以解开一些她心中的结?"我诚挚地建议。

其实,**不管是家长或孩子,单独在我面前说的话,往往都是最想说给对方听、却总是说不出口的。**

妈妈犹豫了一会,仿佛下定决心似的点点头。

我请护理师叫小九进来。

她板着一张脸,僵硬地在妈妈身边坐下。妈妈突然"哇"的一声哭出来,对小九说着:"对不起对不起……我以前做得不好……我压力也很大,没有顾到你的感受……"接着便瀑布狂泻般地说了好多好多,小九听着听着也潸然泪下,母女俩就这样在诊室哭成一团。

以为事情就这样结束了吗?

人生不是电视剧。很多人都以为这样"**把话说开来就好了**",从此一家人就会过着幸福快乐的日子。**事实上,诊室内的人生比较像一个螺旋,会一回又一回地循环;但只要日子拉得够长,总能看得见那缓慢的前进。**

小九喜欢画画。她曾带素描作品来给我看，一枝美丽的玫瑰，飘落的却不是花瓣，而是鲜血。从图画中看得出她的美术天分，但画中的含义或许也反映了她当时的心境。

后来，她如愿考上了喜欢的美术系，要到另一个城市读书；很巧合地，我也正好转换跑道，要到那个城市工作。那时，她的忧郁症状已经稳定了一段时间，于是在她毕业前的最后一次门诊时，我告诉她可以从我这里毕业了。

"这是我之后工作的医院，万一……我是希望不会有需要啦，但如果真的有需要，可以到这里来找我。"

想不到，大一才开学三个月，我就看到门诊名单上出现了小九的名字。

再次出现在我眼前的小九形销骨立，瘦了不少。陪在旁边的妈妈眼睛也肿了，对我挤出一丝苦笑，说："谢医生，没想到这么快又见面了。"

上大学后，或许是因为课业压力，小九的忧郁又复发了。在忧郁状态中的她**时常哭泣**，连撑着去上学也非常困难。妈妈就这样两个城市来回跑，看上去也憔悴不少。

大一下学期，她谈了场异地恋，但因对方的情绪也不甚稳定，过程并不顺利，两人时常吵架。小九甚至在他们争执过后，爬上家中的阳台。

"我真的也不知道自己站在那里做什么，风吹得我好冷。我一直想着跳下去就解脱了，可是又觉得好像会很痛。最后妈妈发现了，冲过来把我抱住，我们两个就跌坐在地上，一直哭……"

虽然意识到这段感情对自己的情绪影响巨大，但她却没办法对那个男生顺利提分手。后来妈妈直接跟那个男生说，请他不要再打电话给小九，两人才终于不再联系。

情况时好时坏，最后小九还是在大二上学期休学了。

休学过后，小九过了好一段浑浑噩噩的日子，**甚至都提不起劲画画。**

———⋀———

"看她这样，我真的不知道要怎么办。又不能叫她振作，每次我这样讲，她就会说她压力很大。"在一次门诊中，妈妈向我倾诉，她似乎也非常疲倦。

"虽然你只有小九这一个孩子，但不代表她是你人生的全部。其实她上大学时，我跟你说过，你可以去寻找你自己的兴趣和人生。"我对妈妈说。

很多父母亲因为觉得对生病的孩子歉疚，就放弃自己的追求与梦想，一直守在孩子身边。但其实孩子早已成长，这样的过度陪伴，有时反而阻碍了孩子的独立和进步。

"可是看她现在这样，我又怎么放心……"小九妈妈说的正是许多父母内心的矛盾。

"**其实你也可以试着偶尔请爸爸陪小九来门诊，或是让她自己来。孩子不是你一个人的。**"

"她爸爸就是不喜欢她来看门诊……唉，好啦，我试试看。"

这些对话至少重复了两三年，从小九一次一次的情绪起伏又恢复的过程中，妈妈渐渐意识到彼此独立的重要性。

其实不只小九依赖她，她也很依赖小九。

"妈妈，我最近真的比较好了。我觉得你可以试着去找工作。有些事，我真的可以自己来。"小九休学两年后，接受了心理治疗。有一次，她终于下定决心似的说出这些话。

妈妈听了好惊讶，而我也感动不已。

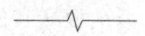

妈妈开始去职业培训班上课了。

起先，小九又开始情绪低落，很没安全感的样子。

"我最近连画画都不想画了。我知道妈妈在振作，我也应该努力，但就是不知道要怎么做。我都没有灵感要画什么。"

"要不要试试看把你现在心里的阻碍画出来？"我说，"**你现**

在就像被一些透明的东西困住了,它们就像穿了隐形斗篷一样,你试着把颜料泼上去,它们就会现形了。看不见的敌人最可怕,它们现形,说不定你就可以试着面对它们。"

"好像可以试试看……"

"我还记得你高中时画的那朵玫瑰,很特别,让人印象很深刻。"

"你还记得?说不定我画的也是那时的自己。"小九笑了,空气中有种被记得的开心。

就这样,小九一步一步地迈出前进的步伐。就在此时,又有一个男生出现了,这个男生对她十分温柔,常常陪她来回诊,是个像月光一样的男生。

小九重拾画笔,说了很久要送我的贺卡,也终于带来门诊了。听她聊着最近和男友在找房子,打算先同居一阵子,接着她想找工作,毕竟如果要结婚,这样比较好一点。妈妈本来很反对她再交男朋友,但现在也渐渐认同这个男生了。

"这次,我应该可以拿两个月的慢性处方笺了!"

听到小九第一次提出这个要求，我先错愕了一下，毕竟这五年来，她几乎每个月至少回一次我的门诊。

　　但随即我明白过来，她是在告诉我，她真的长大了，我可以试着放手，让她再次尝试飞翔。

　　我在心底默默送上最诚挚的祝福。

"我好怕自己做出傻事，伤害身边的人……"

——文静乖巧的女孩反锁房门，一口气吞了五十几颗药

那是一个文文静静的小女生，她给我的第一印象是：一只小白文鸟。

这样文静的孩子，在学校通常不会惹是生非，但运气不好时，麻烦可能会自己找上门。

白文鸟女孩就是这样。她一路顺利地读到高二，成绩不是顶好，也不是很差，在班上有几个闺密，不特别引人注目，但也不算边缘。

一个男孩打乱了她的生活。

那是隔壁班最引人注目的男孩，运动、功课都好，不是最英俊的，但阳光而开朗，直爽爽又大刺刺的。班上有好多女生喜欢他，包括白文鸟和她的闺密。

在班上很活跃的闺密对这个男孩态度积极，白文鸟只能把喜

欢放在心里。就在高二运动会那一天,闺密向男孩告白了。

"不好意思,我喜欢的是白文鸟。"男孩直接表示。

———〰———

从那天开始,白文鸟从原本平静的生活掉入了地狱。

———〰———

闺密告白失败,气呼呼地回到班上,在一天之内告诉所有同学:白文鸟是个婊子,假装文静乖巧,其实暗地里勾引男生,货真价实的骚货。

第二天,白文鸟早上进教室时,迎接她的是同学们躲躲闪闪的眼神。她发现了书桌上用涂改液写的"绿茶婊"。歪歪扭扭的字,就像愤怒和羞愧爬满了她的心里。

她整堂物理课都试图用尺子刮除桌上那些字,刮不干净,就用拇指的指甲抠。不明就里的物理老师唤她:"白文鸟,你不认真上课,在做什么?"

"啪"的一声,指甲断了,她疼得满心是血。

放学后,白文鸟去了厕所,回到教室后却发现书包不见了。剩下的几个同学看着她窃窃私语,不怀好意的眼神一直飘向窗外。她直觉地跑到走廊,扶着四楼栏杆往下看。

深绿色书包坠落在操场的红色跑道上,书包里的东西散落满地,包括她的课本、讲义、铅笔盒,甚至卫生棉。

她听见背后有人说:"我还以为会有避孕套呢,婊子。"

回头望去,同学们早已三三两两地离开了。风吹过她的裙摆,她心中只想着自己怎么没像书包一样掉落。

"后来那个男生呢?"我问她。

她的嘴角抽动了一下,眼神却是死的。

"他看见大家这样对我,也吓到了,一直跟他们班上的人说,其实他没有喜欢我,只是不晓得怎么拒绝我的闺密,所以才那样说。后来,他也没有再跟我说过话。"

白文鸟原本以为男生这样开脱之后,自己在学校的处境会好一点,谁知道没过几天,网络上的匿名学校社区出现了一篇标题为《贱人白文鸟》的文章。内容十分低俗没品,甚至编造白文鸟在外面"援交"[①]等荒谬的剧情。

白文鸟开始请假,因为她连走在路上,都会觉得陌生人看她的眼光很特别,好像在对她的事情议论纷纷。她一周内就瘦了三公斤,原本就很小只的她,显得更加羸弱。

---

① "援交",一般指援助交际,"援助交际"是一个源自日本的词语,最初指少女为获得金钱而同意与男士交往约会。依据台湾地区"内政部"警政署刑事警察局的定义,援交是一种特殊的"双向互动"色情交易:少女(特别是尚未走向社会的女"中学生")接受成年男子的"援助"——金钱、服装、饰品和食物等物质享受;成年男子接受少女的"援助"——性的奉献。

"每天坐着不动,眼泪就会一直掉下来,真的好烦好烦……我好想离开这个世界……"

经过不断地调整药物和心理治疗,过了好几个月,她的忧郁症状才渐渐平复。学校的风波也在上了高三后,渐渐平息。

"大家现在都在念书,比较少再讲那件事了,虽然我看到以前的闺密,还是会觉得不舒服。"她带着书来门诊,说趁着等候的时间也可以读一点书,总算渐渐恢复了一些当学生的动力。

"这么认真,有什么特别想念的学校或专业吗?"我问。

"哪里都好,只要别跟以前的闺密上同一所学校就好了。可能去读科大吧,听说她要选普大。"她幽幽地说。

"那个男生呢?"

"后来他有私底下发信息给我,向我道歉,问我还能不能给他机会,和他在一起。我还是很喜欢他,可是每次跟他说话,就会想到之前那件事,心里都很痛。我们现在是朋友,他约我假日一起念书,但是在学校时,我们就会假装不认识,因为真的怕了。感情的事,我打算等考完试再说。"

幸好，白文鸟的忧郁症好得还算快，没有影响到考试。她如愿上了家附近的科大，也和那个男生低调地在一起了。

在每个月固定一次的回诊中，她会向我报告近况，偶尔遇到因考试压力大而睡不着的情况，就会间歇地来我这儿拿点药吃，状况还算平稳。

"班上新认识了几个朋友，我们八个现在一群，分组还算顺利。"

"上次报告，有几个人都不做他们的部分，其他同学来找我抱怨，可是我也不敢说什么，我很怕像之前一样，一个不对就被排挤或霸凌。后来我只好帮他们做，累死我了。"

"我和那个男生分手了，异地恋实在太难维持了，不过我们算和平分手，心情都还算平稳，只有哭一下下。其实，我和他心里都还是有疙瘩吧。我常常觉得当初的事情，他很没担当，既然喜欢我，那时候为什么不保护我。"

"高中的闺密突然发信息来跟我说想见面，想为高中的事情道歉。虽然心里觉得现在道歉已经太晚，可我还是去了。"

每个月一次，她都会来向我倒倒心里的琐事垃圾，我陪她厘清一些心里的细微感受，像把梳子一样的工作。说完了，她会露出带着小虎牙的微笑，静静地离开诊室。

春天以来，COVID-19 肺炎疫情暴发，门诊有阵子人变少了，白文鸟也不知飞哪去了。

———〤———

再见到她时，已经是五月了。急诊的值班住院医生陪着她来门诊，说她在家里反锁房门，留着"**不要救我**"的字条，一口气吞了五十几颗药。

她的表情僵硬，眼睛空洞无神，像没有灵魂的布娃娃。

妈妈离开诊室后，她才怔怔地落下泪来。

"其实从三月开始，我就觉得怪怪的，**一直开心不起来**，可是妈妈说医院的疫情很恐怖，叫我不要来。一直撑到四月，我真的觉得快撑不住了，他们还是一直叫我不要回精神科，说我人好好的，为什么要跟神经病一样去看病。说我就是不知足才会忧郁，说这样我以后怎么找工作，会留下记录之类的。可是我就是很烦很烦，都睡不着，书也读不下，看着同学都觉得他们好像要背叛我……"

因为担心她的自杀意念，急诊住院医生询问她有没有意愿住院，然而妈妈在旁边耳提面命地跟她说："你好好回答，住院的话，你的人生就完了。"

"可是就算住院很恐怖，我也觉得没差了，因为我真的好怕自己做出傻事，伤害身边的人……"她泣不成声。

上大学之后，一直都是白文鸟自己来回诊，好久不见的妈妈脸上写满担心。

"医生，我们家白文鸟有没有跟你说什么？"

"她之前一直都好好的。最近有发生什么事吗？"我询问。

"可能又是和同学的冲突吧，她都不讲，我也不是很清楚。"

"她现在处在蛮严重的忧郁状态，说不定比高二那次还严重。如果不住院，我会很担心她的人身安全。"我深深地担忧。

"可是她如果住院，会不会影响以后找工作？你看最近大家都在骂精神病，说忧郁症的人就是不知足，精神病应该统统去枪毙。我们家白文鸟也不像那些人那么严重，真的有必要弄到住院吗？她会不会住一住就变成疯子？"

妈妈一边担心被歧视，一边心中也有许多想象和心疼。

"我知道最近的社会氛围会让你很担心，这也是因为你非常爱她。但以我的专业来看，白文鸟的病情和安全是我最首要的考量，毕竟如果她真的怎么了，那你还在乎留下记录的事情吗？假如对于病房有疑虑，可以让你们先去参观环境，但最重要的还是她的安全。"

孩子说不出口的话，我只好想办法替她传达。

白文鸟母女离开了，约好下周回诊时，会再视情况讨论是否住院。

———⋀———

结束这次看诊之后，我心中一直在想：什么样的社会氛围，让这些需要求助的人，在走向精神科治疗的路上困难重重？明明需要帮忙，却只能自己苦苦挣扎，最后撑不住而自伤或伤人之后，社会再以重复的批评和评价，让更多需要帮忙的人依然不敢求助。

歧视就像桌上用涂改液写的文字一样，让人抠得满手是血，也无法去除。 不正确的舆论可以杀人，每一句不友善的文字，都让人对精神科治疗又却步了一分，使受苦的人留在深谷里爬不出来，最终使那把悲剧的刀，再往内刺进了一寸。

"我就是不知道要怎么才能不乱想……"

——高二孩子自己来看诊,因为担心爸爸,又不想让爸爸担心

儿心科门诊偶尔还会遇到这样的孩子。

这样"清汤挂面"的少女,读重点高中的高中二年级,说不到两句,眼泪就潸潸而下,吸着鼻子啜泣,卫生纸用了一张又一张,几乎很难把话完整说完。

她说,从高一下就开始**莫名地情绪低落**,心情时好时坏已半年多了。她参加吉他社,升高二后还当上了社团干部,**本来最喜欢抱着吉他弹弹唱唱,最近也提不起劲去团练**。看着曾经最心爱的吉他缩在房间角落,染上了尘埃,她更**无法控制地一直想着:我就是什么都做不好**。

最近一个月以来,她吃不下、睡不好,常常躲在房间里,蒙着棉被哭泣,生怕家人听见会担心。

"我是美术班的,我很希望可以念公立的艺术大学,不要让

家里负担太重。可是虽然我术科①很好，学科却实在不太行。"她说着又哭起来，"**最近心情这么糟，书完全都念不下，考差了，心情又更糟糕，就这样一直恶性循环……**"

她的忧郁症状相当典型，且已持续一段时间，影响到社交功能与学业表现，"建议用药"是在我评估过后，心中浮现的选项。

忧郁症目前的治疗分成药物治疗与心理治疗两种，也可以双管齐下。但对还在上学的孩子，尤其是高中生来说，每周请假接受心理治疗实在不是一件容易的事。**特别是忧郁症状较严重的孩子，药物可以协助其维持脑中内啡肽的稳定，修复失去功能的神经元，能让孩子从忧郁情绪中尽快恢复过来。**

但问题是，她自己一个人来看诊。

———∧———

从接受儿童青少年精神科专科医生（简称儿心科医生）的训练开始，我就时常见到前辈、同侪们甚至学弟学妹们面对这样的两难：一名青少年带着满腹的心事来找你，却不愿他的家人知情。

---

① 术科，台湾地区技艺性的考试科目，与"学科"相对，学科是指知识理论的科目。比如，报考美术、体育、音乐、戏剧等专业，除了学科测验外，还须加考术科。

每位接受求助的医生心中都怀揣着想要助人的热情；然而，另一面却是可能会承受指责的恐惧。面对尚未有法律上完全行为能力的未成年孩子，医生想给予协助，却总是束手束脚，像捧着一个烫手山芋，进退两难。

听过其他儿心科医生分享为未成年患者诊疗的经验。

"我曾经有一个个案，十七岁的高中女生，单独前来就医，在诊室流着泪表示，单亲母亲得了癌症，自己因为担心她的身体而吃不下、睡不着，取得了母亲的同意，自己一个人前来就诊。因为她的失眠情况严重，我开了一些安眠药物，请她三天后再回诊，并且告诉她，若母亲情况许可，最好还是邀请母亲一起过来。

"三天后，母亲真的来了，孩子却没出现。这位母亲情绪非常激动，她表示自己完全不知道孩子来看精神科门诊，我试图向这位母亲解释孩子当天的状况，才发现母亲根本没有得癌症。她在诊室对着我咆哮，'我的孩子很正常！你竟然没经过我同意就开安眠药给我女儿吃。她昨天跟我吵完架之后，一次把药全吞了。我一定要告死你！'

"由于这位母亲不停地干扰看诊，院方甚至出动了驻警去劝离她。母亲扬言提告，然后到医院、卫生局、'卫福部'[①]等机

[①] "卫福部"，"卫生福利部"的简称，是台湾地区有关公共卫生、医疗与社会福利事务的最高主管部门。

构，四处投诉我……"

同行最后淡淡地总结道："以后没有家长陪同，我再也不替未成年孩子看诊了。"

有些前辈比较乐观些，认为告知父母的结果不一定不好，反而可能是增进亲子沟通的一个契机。

然而在诊室，这些揣着秘密的青少年与希望一切公开、透明的医生往往剑拔弩张。"你若告诉我爸妈，我离开这里就马上去死！"等令人心惊胆战的话语，时有所闻。

这些无穷无尽的两难，似是儿心科医生的原罪。

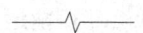

———⋀———

这些想法和前辈的谆谆叮嘱在心中转了一圈，我仍没有答案。解铃还须系铃人，我只得开口问："你这么难受，怎么不请家人陪你来呢？"

"不想让家人担心。""清汤挂面"简短回应，带点决绝。

"你难过这么久了，都没找人聊过吗？就这样一个人闷着？"我问。

"没有。""清汤挂面"迟疑了一下，又开口，"有时候会跟朋友说，他们都会叫我不要乱想，但我就是不知道要怎么才能不乱想……我也不想给他们造成麻烦。"

她又把脸埋进掌间哭泣。

这群压抑的孩子很怕给别人造成麻烦，因此在来到精神科诊室如此艰难的道路上，他们选择风雪独行。

但儿心科医生也有爱莫能助的时刻。我评估了她的自杀风险，又跟她解释了药物作用的原理，以及为何我认为她需要药物协助，但是我不能开药给她，因为尚未对她的家人解释这一切。因为，她未成年。

末了，我帮她约了下一回的门诊时间。

"虽然我这次不能开药给你，但我真的非常希望，你后天可以带着你的家人来。如果你不希望我把事情告诉家人，只要不涉及你或别人的安危，我会尽可能地保密。但我会向他们解释为什么你需要用药，争取他们的理解。这样可以吗？"

我努力以柔和的语气说，很担心自己这样的坚持，反而会失去一个帮助她的机会。

语毕，我慎重地把回诊单交到她苍白的手上，像是一个约定。

———⋀———

两天后，"清汤挂面"来了。

清汤爸爸也来了。

清汤爸爸外形魁梧，大剌剌地咀嚼着槟榔。他穿着白色背心和沾满油漆的短裤，粗壮的手臂上爬满了刺青，龙呀凤的热闹非凡，动物园似的。

他一屁股坐下来就把手指节扳得喀喀作响，说："听说医生你叫我来喔？阿喜妹冲啥①？"

我看向旁边的女孩，她脸上的表情相当局促不安。

"呃，我想了解一下……爸爸，你看"清汤挂面"最近的状况如何？"

"她喔，从小就很乖啊，也很认真读书。最近也不知道怎么了，每天一放学就缩在房间里，都不出来，我本来以为是因为那个吉他，可是也都没听到她在弹。我也很忙啊，哪有时间管她那么多。团仔人②应该就是不知道在假鬼假怪③什么吧。"

爸爸虽然嘴上并不温柔，但仍可从他瞪大的眼睛中看出担忧。

"你总说你很忙，可是我看你明明也常待在家啊。""清汤挂面"小小声说。

清汤爸爸在工地工作，因为勤奋负责，加上做了二十几年，

---

① 阿喜妹冲啥，闽南语，翻译成汉语意为"是要做什么"，"阿喜妹"为语气助词，其意近为"啊是要（做什么）"。
② 团仔人，闽南语，"孩子、孩童"的意思。
③ 假鬼假怪，台湾人形容装神弄鬼、装模作样的说法。

在工地现场的地位颇高,已经是手下有一大班人的管理者。不料,他去年摔伤了腰,休息了好长一段时间,固执的他又不好好复健,现在愿意找他的工地锐减,于是他有许多时间赋闲在家。

"那家里的经济还好吗?"我问。

"家里就我们两个人,是还过得去啦。"

爸爸在过去几年有些积蓄,目前经济倒不至于陷入危机。妈妈则是在"清汤挂面"上幼儿园的时候,就车祸去世了。

"但是她要读大学,我还是要存点钱,现在已经烦恼得要死了。啊结果她给我来看什么精神科,又不是肖仔[①]。"爸爸埋怨着说。

一旁的"清汤挂面"的脸越来越垮,于是我明白了为何她上次自己来。

"叫你好好去做复健,你又不去!医生都说你要赶快复健,以后才不会有后遗症,你都没在听!你这个有可能会不能走路欸,你不看医生,只好我来看啊!"

"清汤挂面"突然一次把心里话全都爆发出来,爸爸的脸色顿时变得非常难看,显然即将破口大骂。

"你想说的其实是,你很担心爸爸,对吧?"我慢慢地说,剑拔弩张的两人顿时软化了些。

---

① 肖仔,闽南语,"疯傻"的意思。

42

"都不好好照顾自己,我上大学以后,他怎么办……为什么我这个年纪要担心这些事情?别人都在追韩星、追什么……"

女儿啜泣起来。爸爸愣在椅子上,不知道该说什么。

"恁爸①还没死,你是在哭啥啦……"爸爸有点犹豫,但还是笨拙地拍了拍女儿的头。

我和父女俩又谈了一阵,最后爸爸同意让孩子来门诊追踪用药一段时间,至少先让孩子的情绪与睡眠稳定下来。

"医学什么的,我是不懂啦,反正就交给医生你了。"

拿了费用单之后,父女俩本来出了诊室,但是爸爸又自己推门进来。

"医生,就拜托你了。这孩子从小就没有妈妈,我也没再娶,她很贴心、很乖,从小到大都没有让我烦恼。我知道我不会讲话,她有心事可能都闷着,来这里有个出口,我想也好。反正就麻烦你了。"

"听她说当然是没问题,**但对她来说,最重要的还是你噢。**刚刚她希望你做的事,你也听到了,她很担心你的腰。"我又提醒爸爸。

"好啦好啦,就是做复健嘛。你们这些查某人②都一样啰

---

① 恁爸,闽南语,一种自称,"你老爸"的意思。
② 查某人,闽南语,女人的意思,泛指不同年龄段的女性,褒义词。

嗦。"爸爸一边摆手,一边关上诊室的门。

———⋀———

过了一周,"清汤挂面"又自己来了。

"爸爸呢?"我问。

"我们是一起来医院的,他现在在复健科做复健。"

她回答,我们相视一笑。

"清明连假①,我们要一起去看妈妈,爸爸说不能让妈妈看到他身体这样,可能会被托梦碎念。"

---

① 连假,台湾人对接在周末前后几天的假期的说法。

"如果我马上送她去医院，说不定她就不会死了"

——最好的朋友死了，少女一滴眼泪都没有掉

小梦是一个人如其名的女孩，高挺的鼻梁、白皙的皮肤，看上去总是带着些许迷离的眼睛。她整个人看起来仿佛不该生活在这个庸庸碌碌的世界，而应该住在云深不知处的木屋里。

才回诊几次，就碰上了她闺密的头七。

———◆———

"那天我们约去高雄。我和她是初中同学，其实很久没约了。"

小梦以一种描述梦境的语气对我说着。从她的表情看不出任何的情感，只有一种心绪会被带得很远的氛围。

"我们先去新崛江逛街，我买了一件新外套。然后去吃一间随便找的火锅，那天不知怎么的，我们食欲都不好，还以为是

东西不好吃。下午我们想去坐百货公司顶楼的海盗船，排了好久的队，她的脸色越来越不好，跟我说肚子痛，我问她那要不要算了，我们就不要坐了，回台南看医生吧。她休息了一下，又跟我说还好，那时候也刚好排到我们了，我们就决定还是上去坐。

"结果海盗船第一次冲下来的时候，她就吐了。海盗船还在那边晃呀晃的，旁边的人都快吓死了，我很怕她吐在别人身上，就赶快用新买的外套把她包住，最后停下来的时候，我整件外套都是她的呕吐物。"

我想象着那个画面，在黄昏的百货公司顶楼，让孩子们兴奋的游乐园，有摩天轮、旋转木马、海盗船，而一名少女却在这应该充满欢乐的地方，吐了。

"她下来之后，有点站不稳，还急着想跟我道歉。我们在那边的椅子上休息了好久，把身上先洗一洗，最后她比较好了，我们才一起去火车站，搭火车回台南。"

"后来呢？"

"她回家之后，我有发信息问她有没有好一点。她回'好多了，不用担心'。然后隔天我的信息她就都没回了，没读也没回的那种。"

"你没有觉得很奇怪吗？"我问。

"我以为她在生我的气。"

"生你的气?"

"因为那天我刚买的新外套被她毁了,回程的火车上,我虽然担心她,但是都没跟她说话。所以后来她回我没事,我觉得那句话也很简短,就以为她又在生我的气了。从我们上高中以来,她常常这样,有时会问我是不是交了新朋友就不想理她了,有时候好几天都不和我说话。"

"嗯,本来上了不一样的学校,生活圈也很可能不同吧。"

"对啊,那时我确实有认识一些新朋友,有时候也会……觉得她这样有点烦。她后来不知为什么迷上了一款游戏,每次都一直和我聊那个游戏,但其实那个游戏我已经退坑了,所以有点懒得听她一直说里面的角色怎样……我觉得很幼稚。"

"喔?那是什么游戏啊?"

"'恋与制作人',医生,你听过吗?是一款恋爱养成游戏。"

"有听过。"

"反正后来她就很迷'恋与制作人',见面时都想找我一起玩,但我已经不觉得好玩了。可是我和她也没什么别的共同话题。我最近心情本来就不好,都不太想出门,所以其实在这次一起出去之前,我们已经好几个月没约见面了。"

小梦停顿一下,吸了一口气。

"谁知道,这就是我们最后一次见面了。

"后来过了一个星期,终于有人回我信息,是她姐姐用她的账号回的,说她已经在加护病房过世了。好像是卵巢扭转还是什么的吧,我也不知道那是什么。她姐说,她在加护病房时,有一次比较清醒,还交代她的家人不要跟我说她的状况,怕我会担心,而且她在加护病房很丑,她怕我会跑去探病看见她的样子。

"以前初中的时候,我常常去她家,最近很久没去了,没想到会是在这样的状况下再去。一进门就是一个灵堂,挂着她的照片……"

小梦原本就是因为情绪低落来门诊的,又遇上这件事情,她连学校都不想去了。

但很特别的是,**虽说小梦讲述的内容是那么悲伤,她脸上却挂着一丝奇异的微笑,仿佛这一切离她很远很远似的。**

"我听你说这些事情,你好像应该很难过,但听你说起来的感觉,却像是发生在别人身上似的。"我把我的感受说出来。

"是吗?我妈也是这么讲的。她说我很可怕,明明那么好的朋友死掉了,可是我好像一点都不伤心。"她幽幽地说,"我也不晓得自己怎么了,从知道到现在,我都还没哭过。"

接下来的一年内,我渐渐明白了小梦为何会是这样的反应。

小梦的爸爸自从经商失利后就颓废在家,白天都在外面酗酒,回到家则像要把陈年的积怨都发泄出来似的,对着小梦狂骂:"你妈娘家借我钱,又有什么了不起!要不是先有了你,这个婚我当初干吗要结!"甚至动手掐小梦的脖子,诅咒女儿去死。

妈妈虽然不会对小梦动粗,但没办法阻止丈夫酗酒。再加上丈夫向她哥哥借了上千万,却还不了,导致她在自己娘家人的面前抬不起头来。

妈妈身兼数职,拼命地想要还钱,每天回到家,都已经三更半夜了。小梦含泪等门,然而看到妈妈累坏的样子,不欲增加妈妈烦恼的她,只能继续装睡。

装睡装久了,好像任何事情只要别太清醒,都可以这样应付过去。**小梦迷离的眼神仿佛永远没睡饱似的,或许就算她睡着了,也在噩梦里醒着,而醒着,却又不能把眼前的现实看得太清。**

就这样回诊了一年,小梦谈家庭、谈学校、谈恋爱,却没有再提起过她死去的闺密。

我看着病历，上头记载着她一年前说过的话，不知为何陡然想起，她闺密过世一年了。而如今的小梦经过休学、复学，已经慢慢地回到学校，努力地想把这一年的空白补上。

―――⋀―――

"她走了一年了。"这次来，小梦果然劈头就这么说。

"有去看看她吗？"我问。

"上礼拜，我有去她家，陪她的家人讲讲话。其实我觉得他们有点把我当成他们女儿的替身，一直很关心我，拿东西给我吃啦，问我最近学校怎样啦，让我有点不知道怎么办，所以有些忍耐地撑完那段时间。"

"啊，辛苦了。"

"那天回家之后，不知道为什么，突然很想把'恋与制作人'重新下载回来看看。因为我家网络很慢，那个游戏又很大，我足足花了四个多小时才下载完，反正我那天也睡不着，就慢慢等，一直到半夜两点才下载完毕。然后我打开游戏，我竟然还记得密码。那个账号其实是我之前玩的，后来因为我要退坑，刚好我闺密迷上，所以我就直接把账号给她用，之后我就没再打开过了。结果你知道我那天打开后，发现了什么吗？"

"发现了什么？"

"她超认真玩这个游戏，她把所有可以解的任务都解开了，比我当时给她时的进度超前好多。她那个程度是……我现在即使空白一年再开始玩，也可以很轻松的状态。游戏当中有钻石，那是不太容易得到的宝物，可以拿来买很多道具。我那时候要退坑前把钻石都花光了，结果现在里面竟然有几千颗钻石。"我第一次见到小梦眼眶有些泛红。

"那些钻石好像是留给你的礼物。"

"我想了很久，说不定那时候她很希望通过这个游戏跟我有话题，可是我都不知道，还自顾自地忧郁。那一次也是她约了我很多次，我才勉强答应和她出去。后来我一直很自责，觉得当初怎么没有看出她的不舒服，马上送她去医院，说不定她就不会死了。在火车上，我竟然还在生她吐了、弄脏我外套的气。我后来完全不敢再想到这件事情，游戏也都不想打开，如果我早点打开就好了……就好像她还在……"

说到这，小梦已经泣不成声。

我没说话，让她哭了一会，见她开始擦去眼泪，我问："之后会继续玩这个游戏吗？"

"会吧，我不会花太多时间玩，不过会偶尔进去看看。"

小梦放声大哭后，重新抬起头。她像座大雨过后的城市，带着重生的感觉。

"就像去看看老朋友一样。"我说。

小梦带着眼泪笑了。

你可能以为……

"孩子只是多愁善感，在无病呻吟。"

"其实我也知道不该妨碍爸爸追求幸福……"
——留着俏丽马尾的少女，因为拔毛症，把自己拔到快秃头

这天的门诊结束后，一位护理师走进诊室，看见我边关电脑，边微笑着，问我怎么看起来这么开心。

刚走出去的那对父女，我听了他们三年的故事。

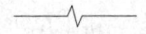

最初，初中少女子宁是因为拔毛症来的。

拔毛症是一种棘手的症状，患者会一直想拔除身上的毛发，包括头发、眉毛或睫毛等，每个人的状况不同。

在诊室不断搓手的子宁，两只手臂都被抓得红红的。虽然头上绑着紧紧的高马尾，但仔细看，发际线有略微光秃的迹象。爸爸说，子宁的房间里总有一把一把的头发，每次扫地都快满出畚斗的那种。虽然他一直提醒她不要拔，她也都说好，但情形总是时好时坏，不见改善。

刚开始，我转介子宁做了认知行为治疗，拔毛的情形稍有改善。但是在治疗结束后，孩子的这种行为又出现了，并且还多了一些像是自伤的状况，手臂上常常被抓出一道一道的痕迹。我也尝试给她用过一些药物，但都只有短暂的效果。

身为门诊医生，当然是挫败的，对于这种看起来棘手的疾病，一时间找不到什么可行的治疗方式。我心底总觉得她的行为很有心理层面的意义，然而在短暂的门诊时间，不适合太深入地和她谈。也曾好几度想跟她说，不然等她有需要再回诊就好，我就不约她了，不过我知道那是来自"觉得自己没帮上忙"的无力感。

每回我硬着头皮约了回诊，她都来了。每个月她来，都会向我倾倒一整个月发生的事：班上的小团体、英文老师很机车[1]的事、补习班老师很好笑、跟闺密又吵架了……

很多时候我**只是听，一直听**，像个迎接放学孩子回家的妈妈。

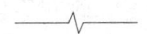

子宁的妈妈在她念幼儿园时就车祸过世了，留下她和弟弟。

前几年，爸爸认识了一位吴阿姨，但他没有减少对女儿的疼

---

[1] 机车，台湾人形容一个人问题多、啰唆、不上道的说法。

爱。不过，或许是不晓得该怎么处理这样的关系，爸爸总在姐弟俩睡着之后，偷偷摸摸地溜下床，出门去吴阿姨家约会，天亮才回家。然而，姐弟俩逐渐长大，渐渐明白爸爸每晚都去了哪里。

对此，子宁表示："其实我也知道不该妨碍爸爸追求幸福，但每次醒来，看见爸爸那边空荡荡的床，心里就是忍不住生气嘛。"

个性颇为早熟的子宁，心思十分细腻。"我最讨厌的就是爸爸每次答应我们的事情都做不到！像上次说好要带我和弟弟去夜市，结果当天才说吴阿姨也要一起去。阿姨要去也就算了，她儿子、侄子什么的也都要去！"

"不过，爸爸还是有带你和弟弟去夜市？听起来，他好像也不是完全没做到答应你们的事？"我试探地问。

"话是这么说没错啦，但是你知道，那种感觉就差掉了。我也不是讨厌吴阿姨的儿子和侄子，可是就是跟原本想象的不一样嘛。"子宁委屈地说。

"听起来，你本来想象是你们一家三口开开心心去逛夜市，结果突然间多了好多人。"

"对。本来我去夜市的时候，如果看到喜欢的衣服，就会向爸爸撒娇，爸爸有可能会买给我和弟弟。可是吴阿姨他们也去，我就不可能这样吵了，因为爸爸一定会说一人一件。虽然夜市的衣服不贵，但是这样下来也是一笔钱，爸爸上班很辛苦，我不想让他花那么多钱。不只衣服这样，吃的、喝的，都要考虑……"

子宁边说边绕着发尾，想来她应该就是在陷入这种苦恼时，绕着绕着就把头发一根根拔下来了。

"在这次的事件里，钱在你心里就好像爸爸的爱，爸爸的爱就是那么多，如今不但要分给吴阿姨，还要分给她的儿子、侄子……一堆根本不知道是谁的人，你怎么可能平心静气呢。"

我把这些想法说出来，子宁的表情里有种被理解的缓和。

已经有太多人告诉她，要懂事，要长大，要体谅爸爸。这些其实她心里都知道，也想做到，但**此刻她需要的不是那些告诉她该怎么做的声音**。

人被理解与涵容之后，才会产生力量，往成长的方向前进和探索。原本在多数的理想状况下，应该是父母或孩子身边的人给的东西，有时我也只得在门诊中有限地给予着。

———〜———

有一次，因为爸爸太常去吴阿姨家，亲子三人起了冲突，子宁已经上高中了，自己泪眼婆娑地跑来门诊找我诉苦。

"爸爸真的很过分！他也不想想，弟弟现在才六年级，一个小学生常常就这样被丢在家里,我看弟弟的情绪也越来越暴躁,搞不好之后他也要来看门诊了!"

子宁虽然嘴上说着弟弟,但我知道她说的其实是自己的心境。

"上次跟我约好要去补习班接我,结果竟然因为吴阿姨临时叫他去帮她修电灯,他就把我丢下。虽然我讲电话的时候也是有小小对他生气啦,他可能是生气了才不去接我,可是怎么可以这样!"

我觉得需要听听爸爸的说法,于是约了下回,请爸爸一起来门诊。

子宁的爸爸头戴棒球帽,一身运动打扮,保养得挺好。黝黑的皮肤搭配腼腆的笑容,让人想起港星古天乐。

我小心地转述孩子的感受,也听听爸爸的难处。

"这阵子我可能工作真的太忙了,加上我女朋友的爸爸最近过世了,事情比较多,我真的很累。子宁发起脾气来,那张嘴真的是……我很容易被她激怒,一个冲动就忍不住和她大吵。有时候我都觉得再这样下去,要换我来精神科了。"

"其实子宁也知道你的为难。**她对你生气,主要还是希望你多陪陪她**。她现在高一,再过两年就要上大学了。你们其实是感情很好的父女,很多女生在她这个年纪早就不黏爸爸了。她真的很爱你的。"我把时间轴拉远,希望让爸爸可以跟着思考。

爸爸听完我的话之后，点点头，忽然感性起来："我也晓得，陪她的时间没几年了。她上大学之后，就会有她的生活。虽然工作很忙，我还是会尽量抽时间陪她的。谢谢你，谢医生，每次都听她说话，这几年真的是麻烦你了。"

———〽———

这天他们来门诊，子宁兴奋地报告：父女俩计划下下个月去巴黎。

"她之前参加创意科展的那个作品，我鼓励她去参加巴黎的发明展，结果入选了，所以最近就开始准备订机票、弄住宿那些。"

"我之前不是有跟你说过吗？在车上安装机器，侦测附近有没有救护车或消防车，让驾驶员可以提早准备让道的那个。之前我们学校都说不可行，可是爸爸找他认识的大学教授一起讨论，现在真的入选发明展了欸！"子宁掩不住兴奋，话说个不停。

"我对这方面其实不懂，不过我那个教授朋友说子宁很有天分，很少人会想到这个 idea，所以鼓励她投投看，没想到真的选上了。"爸爸也露出灿烂的笑容。

"我现在很担心，"子宁突然叹了口气，我和爸爸一时都摸不着头绪，"听说在法国，大家都穿得很漂亮，我该穿哪些衣服去，才不会显得很俗啊！"

子宁幸福地烦恼着该穿什么衣服、英文说不好啊但法国是说法文、圣母院被烧掉了好可惜不能参观等，而我们都知道，她嘴上烦恼得越多，心里越是期待得不得了。

"对了，虽然很久没讨论这件事，但我注意到最近子宁拔毛的情形好像变少了。"最后爸爸在离去前，突然对我说。

门诊结束后，我想着：拔毛，会不会也是一种很微小的自我伤害。而通常**每个自我伤害的行为背后，可能都有一颗很想被看见、被好好爱着的心。**

在儿心科诊室，医生很多时候或许是个演员，演爸妈、演朋友、演兄姐、演老师。**不管扮演着什么角色，不被自己的挫折感打倒，持之以恒地去真挚地倾听，**总还是会帮助到谁的吧。

"有时候我真的好讨厌自己"

——她细数着妈妈的男朋友们,飞舞的手上是密密麻麻的割腕伤口

小麦第一次来我门诊时,未见其人,先闻其名。

———〰———

下午门诊还没开始,我就接到一通总机转来的电话。

"谢医生,××初中的辅导老师说有事情找你,请问要直接转接吗?"总机甜美的声音询问着。

我蹙眉,经验告诉我,通常这不会是什么好消息。

"好。"

紧接着传来急切的声音。

"谢医生您好,我是××初中的辅导老师。您下午门诊有一位病人×××,是我们这里的学生!"

"等等,她看过我的门诊吗?"光听名字,我并没有印象。

"没有,她今天是第一次看。但是因为她的情况比较特殊,所以我希望先跟你说一下她的状况。"

接下来，这位辅导老师滔滔不绝地告诉我，这孩子很依赖他，依赖到如果他没有随时在孩子有需要时陪她谈，她就会以割腕相要挟。他已经不知道该怎么办了。

"有一次我在上课，可是小麦突然情绪爆发，跑到辅导室找我，没见到我，就拿出了她在外面诊所拿的药，全吞下去。我们都吓坏了，赶快把她送去医院洗胃，还好后来没大碍。所以我跟你说，你开药给她要小心，她常常会囤药，然后一次吃下去……"

在前往诊室的路上，我就这样听老师说了十几分钟关于小麦的辉煌纪录，门诊还没开始看，头已隐隐地痛了起来。

———◇———

小麦来了，长得白皙高挑，有一双大眼睛，谈吐成熟，丝毫不像初一学生，倒是颇有社会人士的架势。

随她来的阿姨十分疏离，坐在后面的椅子上滑着手机，头也不抬。

一开始，小麦说话客客气气的，倒没有如辅导老师所说的那般令人头痛。

因为是第一次看诊，小麦显然也有些防备，对所有事情都轻描淡写，于是我也没有太过深入地厘清为什么是阿姨陪她来，以及老师所说的那些紧急状况。只针对小麦主诉的吃不下、睡不着，开了一些轻轻的药，陪她聊聊班上同学的小团体，就这样结束了第一次门诊。

―――∧―――

隔周回诊，小麦一进诊室就把阿姨赶了出去，说要自己和我谈。
"她是你的亲阿姨吗？"我问她。
"是啊。"
"所以是妈妈要她帮忙带你来的？"
"嗯。因为妈妈在睡觉。"
"妈妈在睡觉？她上班很累吗？"
"她上夜班，所以白天都要睡觉。"
"咦？她是做什么的啊？"
"餐厅啦。欸我都睡不着啦，你上次开的药都没用，你这次多给我一点药好不好？"小麦很明显地在转移话题。

于是我暂时放弃这条线，改与她讨论药物和学校的事情。当然，我还是没有开太多药给她，并叮嘱了阿姨要看着她吃药，虽然阿姨看起来心不在焉。

―――∧―――

再下周，阿姨离开诊室后，小麦突然兴高采烈地告诉我：

"我今天得到三千块。"

"啊？为什么？"

"妈妈的男朋友给的。"

小麦的爸爸很早就离婚了，爸爸完全失联，小麦跟着妈妈和阿姨一起生活。

"噢？听起来，妈妈的男朋友很大方欸。他是做什么的啊？"我好奇。

小麦闻言，露出一个不怀好意的笑容。

"这一个是大老板喔。"

"这一个？之前还有吗？"

"之前？"小麦露出一副"你很不上道"的表情，笑出声来，"是现在就有很多个。"

她开始对我如数家珍般地介绍妈妈的男朋友们。

一号住台中，每次都会开车下来找妈妈，不过很小气，出去约会都只吃路边摊，妈妈也不是很喜欢他，只有别人没空的时候，才会跟他出去。

二号蛮帅的，不过最近出了车祸，妈妈有时候得带饭去给他吃。妈妈说"大家都是朋友，还是要意思意思关心一下"。小麦不喜欢二号，因为他每次都只在妈妈面前装作对小麦很好，只要妈妈一离开，就会马上变脸，她觉得他很假。

三号老老的，每次来家里都会送一些水果，然后匆匆就走了,小麦也不知道他是做什么的。

四号就是这个大老板,妈妈最近才和他认识的。开名车,出手很大方,每次出去吃饭都是高级餐厅,也会叫小麦尽管点,不要客气。可惜妈妈说因为对方是知名人物,所以不能太公开,出去也都要小心。

"他根本就是有老婆吧!看起来都五十几岁的人了,怎么可能没结婚。"小麦老气横秋地评论。

"不过,你说你最喜欢他,有什么原因吗?"我虽然心里很震惊,但还是想了解这个人有什么特质,让小麦至少比较喜欢他。

小麦露出一个过分灿烂的微笑,说:"过年的时候,我和妈妈跟他出去,吃饭吃到一半,他拿出一沓钱说:'你叫我哥哥,跟我说新年快乐,这个红包就是你的了!'妈妈在旁边一直使眼色,我就叫了。结果你知道里面有多少钱吗?有一万块欸!"

想象着那个画面,我感到气闷难受。小麦继续说后来妈妈还是把钱拿走了,连一点都不分给她,真是讨厌,等等。我看着小麦手上密密麻麻的割腕伤口,想起她说她有时候真的好讨厌自己,对自己会没来由地愤怒⋯⋯

就这样,我持续每周听着小麦对我一次又一次地说着她、妈妈,以及妈妈的男朋友们。

原来，小麦的妈妈是在舞厅上班，而陪她来的阿姨是舞厅的柜台，本身也有忧郁症。妈妈每天都要到凌晨才会醉醺醺地回家，醒来后头痛，就对着小麦乱发脾气。但小麦还是很黏妈妈，每次妈妈要出门，即使知道妈妈是去和男朋友们约会，她还是会要求跟着去。

我知道已经有许多社会资源介入协助小麦。她说她有三个以上的社工，但是她都不想理他们。

"我觉得他们都只想拆散我和妈妈。"她如是说。

我努力扮演一个容器，希望至少可以盛装小麦的混乱，哪怕只有一点点也好，小心翼翼地不将这些泼洒出来，担心泛滥成灾。

直到有一次，小麦告诉我，她觉得好恶心。

"我真的很受不了，妈妈每次都要把男朋友带回家，我看到他们在做那件事情，这也不是第一次了，很奇怪，门都不关好，我也不是故意要偷看的……"

眼看情况越来越不对，我三番两次地请小麦和阿姨转告，希望邀请小麦的妈妈来门诊，但她始终没有出现。于是我向院内的社工师求助，希望她可以帮我看看怎么协助这个家庭。

结果下周，小麦的门诊就失约了。

后来问了才知道，我们尽职的社工师--找阿姨与小麦会谈，并且致电约妈妈到医院后，妈妈就气爆了，叫小麦不准再回诊，然后小麦又在家里吞药了。

社工师无奈地表示：

"其实她们家之前就已经被学校通报过很多次了，但是因为妈妈本人的状况并不算差，家庭的经济状况也可以，追踪几次之后就结案了。高自杀风险、脆弱家庭都通报过，不是没开案，就是很快结案，听起来她家根本不想被介入，所以资源也进不去。

"听说小麦现在连学校也很少去了，好像也是因为社会局社工会去学校，希望试试看能不能遇到她，结果她觉得很烦……"

我望着电脑画面上未到诊的小麦的名字，心里知道，我们还是太急了。

———⋏———

工作了这几年，才知道精神科也需要"检伤分类"。**很多家庭处在难解的平衡里，他们有他们自己运作的方式。** 我们能工作的部分只有好小、好小的一块，一个动作太大，就会像被抽走底座的积木，整个坍塌下来。

听起来，我们像是在帮助孩子，但其实孩子还没有成长到可以知道这是善意的帮忙，也不够独立和强壮到可以承受"可能失去妈妈"的恐惧。因此，我们自以为的"帮忙"像是搅乱春水的船桨，把沉在最底处的、最污浊的、最未知的，全都翻了上来。

或许，目前的社会、医疗资源能给的，还是显得那么粗糙、僵硬，而孩子和妈妈的心又太过柔软、细腻。以现行的制度，距离要能够妥帖而温柔地接住每个孩子和家庭，还有好长、好长的路要走，好希望在那之前，不要有太多的孩子就此堕落。

"我觉得一切都好假……"
—— 他对着妈妈失控暴吼，在发现爸爸外遇之后

年前的门诊总是忙碌，在病人与病人之间的空当，突然闪进一对母子，孩子手上端着咖啡，妈妈的臂上悬着一个礼盒袋。

脸盲如我，只知道这是我门诊的孩子，应该有一阵子没回诊了，但我一时提取不出他们的名字。清秀腼腆的青春期男孩递过咖啡和猪肉干，说要祝我新年快乐。

慌乱中，我只能仓促地问："最近好吗？"

妈妈笑着说："好多了，他最近很乖。"

男孩瞅了妈妈一眼，咕哝着："说什么我很乖。"

这个互动瞬间，让我想起他们就诊的原因。

——◇——

男孩名叫晓宇，初一刚开学没多久，就和妈妈一起来到我的夜诊。初诊单上写着"情绪起伏大"，笔迹成熟，应该是妈妈

写的。

我寒暄了几句,然后问:"晓宇,你自己觉得今天为什么需要来呢?"

晓宇"哼"的一声冷笑:"我为什么要来?要不要问她?"眼角瞥了一下妈妈。

气质端庄的妈妈,说起话来轻声细语,十分好听。"他最近情绪起伏很大,常常没讲几句,我们就吵起来——"

妈妈才说到这,晓宇就像爆炸似的大吼:"最好是我情绪起伏大啦!你怎么不问问你们大人都做了什么好事!"

听到晓宇的怒吼,虽然妈妈还是努力维持优雅的样子,但眼眶已经红了。

"到底发生了什么事……你要用这种态度对我凶?不然你自己跟医生讲,我出去。"妈妈极力忍耐着快要溃堤的委屈,似乎很怕自己失控,又害怕晓宇生气,嗫嚅着说。

妈妈离开诊室之后,晓宇依然像一颗坚硬的石头,咬着下唇,拳头紧紧握着,不发一语。

"你好像对妈妈很生气。气什么呢?"我等了一会儿,才轻声打破凝结的空气。闻言,晓宇的眼泪就无声地滑落脸庞。

"其实我不是气她。"他慢慢吐出这句话。

"你气的不是妈妈,那你气谁呢?"

"爸爸。"

晓宇的回答，让我想起动漫《哆啦Ａ梦》里有一种道具，可以让说出口的字变成实体，甚至能压在听的人头上。他刚刚说出的"爸爸"这两个字，如果化为实体，一定是很坚硬的钢铁材质，上面还点着火吧。

"爸爸做了什么，让你这么生气呢？"我继续问。

"他从我小时候就很凶，每次都只会要求我成绩好。上了初中更夸张，每次考试只要错一题就打一下，整天一直说教，说什么他以前就是从初中开始奋发图强怎样啦，拼命读书，成绩突飞猛进……我呸！说他因为这样，现在才有好工作，可以养活我和妈妈。"

晓宇连珠炮似的说着爸爸的事。

"每次我被爸爸骂了或打了去找妈妈，她都会替爸爸讲话，说他小时候是苦过来的，我是家里唯一的男生，他对我期待很高，所以才会对我比较严格，爸爸希望我长大可以像他一样……像他一样又怎样？"

说到这，晓宇的情绪仿佛在云霄飞车的最高点。

"要我学他一样外遇吗？！"

原来前几日，晓宇正在让爸爸指导功课，爸爸暂时离开了一会儿，他看着爸爸留在桌上的手机，突然很想偷偷用一下。头脑很好的他，很快就破解了密码。他看见手机屏幕停在相机的功能，再仔细一看，下方的缩图里，是爸爸和一个女人的合照。

"那个女的丑死了！浓妆艳抹的，也不知道是哪里吸引了他。"晓宇愤愤地说。

他犹豫几秒，终于还是禁不住好奇，点开了照片。照片里的爸爸看起来春风得意，和平时在家里颐指气使的样子大相径庭。他和那个女人搂肩搭腰，甚至还有亲吻的照片。

就在这时候，爸爸的手机突然"叮咚"一声，有信息进来。晓宇吓得不轻，差点把手机摔了。他定睛一看，是那个女人传来的信息："宝贝～到家了吗～想你了。"

信息末的好几个爱心表情包看得晓宇想吐，他赶紧把手机放下。爸爸在隔壁房间听到信息声，便走进门，查看一下手机，也没回，就又在晓宇身边坐下。

那天，晓宇满脑袋都是自己看到的照片。课本上什么二元一次方程式，他根本不想管，爸爸严厉的斥责就像耳边风似的。

"我只是一直想着，原来一个人可以同时爱上两个人吗？如果爸爸不是同时爱上两个人，难道他不爱妈妈吗？还是说他根本也不爱我？"晓宇来来回回想着这些比二元一次方程式还难解千万倍的问题。

"然后，爸爸放弃了。他离开房间后，我才开始一直哭。我一直以为我们家虽然爸爸有点凶，但还算是幸福的，爸爸对我凶也可能是因为对我有期待，可是现在我觉得一切都好假……"

晓宇犹豫了一个礼拜，终于决定告诉妈妈这件事。

"她的反应是？"我问。

"她很冷静。其实应该也不能说很冷静，就像你刚刚看到的，我妈就算很激动，还是会想要保持形象，**其实我看得出来她一定很伤心、很生气。**"

"然后呢？"

"然后？你知道有多可笑吗？我也不知道他们怎么谈的，后来他们两个就像没发生什么事一样，继续演一对好夫妻的样子欸！过了几天，我真的演不下去了，就偷偷问妈妈。妈妈说她有跟爸爸说了，叫我不要生他的气。有没有搞错啊！"

原来如此，晓宇的满腔怒气，就这样从爸爸转到了粉饰太平的妈妈身上。

晓宇的妈妈进来后，我试着问了一下她的想法。果然如晓宇所说，妈妈对这件事不想多谈，只说一切已经恢复正轨，希望我可以开导晓宇，不要再生爸爸的气了。

接下来几次门诊，晓宇都还是气呼呼地来，然后妈妈热泪盈眶，但还是故作坚强……这个循环就这样持续了数次。

直到有一回，晓宇愤怒地告诉我："爸爸和那个女的还有联络！当作我不知道吗？他怎么那么恶心，手机密码用妈妈生日，然后拿来和别的女人打情骂俏！让我更生气的是，我妈超没用的，一直睁一只眼闭一只眼装没事。我跟她说我看到什么，她就只会说我误会了，爸爸只是在谈公事。他们还出去约会欸，以为我瞎子吗？！"

那天，我认为治疗关系似乎到了一个厚度，便请妈妈进来。

"妈妈，晓宇不是任性，你也说他以前是一个多么体贴的孩子。他完全是心疼你呀，**因为你都不生气，他是在替你生气啊！**"

晓宇的妈妈听了，泪如瀑布，而坐在她身边的晓宇从本来背对妈妈，渐渐转过身来，握紧的拳头慢慢松开。

"我不喜欢在孩子面前哭……医生你好坏，为什么要让我这样……我想让他觉得我们还是一个完整的家庭。你以为我不生气吗？我不难过吗？我比谁都要伤心啊！可是我能怎么办？"妈妈无助地哭着。

"你可以告他们啊！我都帮你查好了，你只要请征信社[①]，拿到证据，就可以让他们两个吃不完兜着走。我们拿到了爸爸的钱就搬出去住。"晓宇这般说着，突然很像个大人。

"妈妈，其实你就算想要在孩子面前装坚强，他也看得出来。这个家的危机也是同样的，只要身处在其中，一定都会感受到。**与其假装没事而使你们的距离拉远，不如让孩子也适度地看见你的情绪，他才不会觉得你们都在演戏骗他。**"我说道。

妈妈的情绪表露出来之后，母子的距离突然间好像近了许多。

———⌄———

下周来，晓宇终于有笑容了。

"虽然妈妈还是没有对那对狗男女做什么，但是她回去工作了。"

"喔？妈妈本来是做什么的？"

"她是钢琴老师，我妈弹钢琴很厉害喔！之前只是为了照顾我，我一出生，她就没教课了。可是现在一回去音乐教室，人家马上就录取她了欸！"晓宇得意地说着。

我心想，难怪妈妈气质那么好。

[①] 征信社，台湾人对私家侦探的说法。

"听说那个女人是爸爸的同事。我觉得妈妈回去上班说不定也是想表现,'哼,我也是可以工作的。'虽然我根本不想给那个男人机会,我只想赶快长大赚钱,可以和妈妈一起搬出这个家……不过,反正现在妈妈振作起来就好。"

我听完这个像是电视剧《犀利人妻》的故事,放心许多。**纵使家庭里的风暴再巨大,至少这对母子终于肩并肩地站在一起面对着。**

后来某次门诊之后,他们就没再来了,我挂心了一阵,另一方面也担心自己是不是哪里做得不够好。

谢谢他们在岁末年终想起我来。让我知道,在他们生命的某一段时间,我的存在确实陪伴了他们。

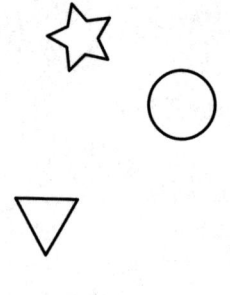

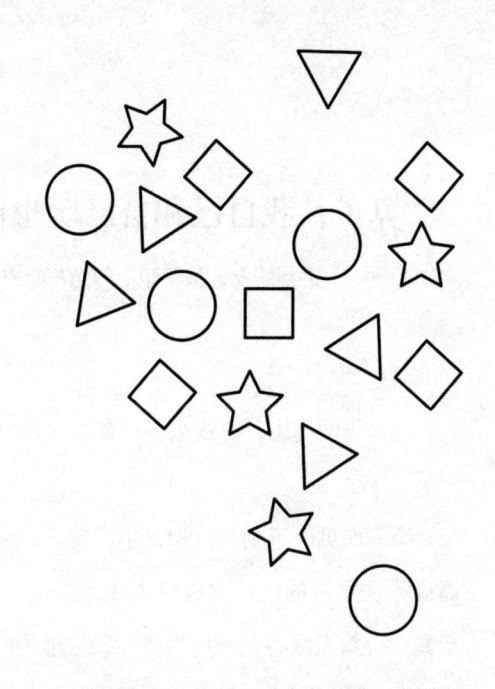

我们试图用诊断去理解孩子，
　　　但也别忘了，
　每个孩子都是不一样的。

"算了，我自己和自己玩也可以很开心"

——一讲到朋友，孩子脸上的光芒暗去，头也低了下来

四年级的小志，每次来门诊都会让诊室变得热闹非凡。

第一次见面不到几分钟，小志就开始**坐不住**了，趁着我和妈妈谈他在学校的状况时在诊室走来走去，摸索我诊室的绘本和玩具，一双大眼睛试探性地瞟向我这里。

"你想做什么呀？"用眼角观察他的行动一会之后，我问。

"呃……"被我发现他的举动，他似乎有些腼腆，小小声问："可以玩吗？"

"你有问就可以呀，只是待会要帮我收喔！"

小志一听便笑开了，咔啦咔啦地组装起机器人来。

小志的妈妈谈话爽朗，看似大刺刺的，但**看孩子的眼神充满温柔。**

"他平时就是上课也坐不住，在家里也是一样。觉得无聊，就开始自己起来找乐子。"

"他平常有什么兴趣吗？"我问，本来预期会听到运动或游戏，谁知道妈妈一听到我的问题，竟然"噗嗤"笑出声来。

"我的兴趣可多了！"小志声音洪亮地回答。

"喔？那讲几个来听听。"

"那你先来个基本款，唱首《飘向北方》给医生听好了。"妈妈在一旁笑着建议，**眼底是满满的鼓励。**

"有人说他在老家欠了一堆钱需要避避风头，有人说他练就了一身武艺却没机会展露，有人失去了自我……"我还没反应过来，耳边已响起小志朗朗的歌声，唱的竟然不是副歌，而是难度颇高的饶舌桥段。他边唱边带手势，诊室顿时变成一场热闹的个人演唱会。

小志的节奏感很好，rap 唱得我、护理师和妈妈都忍不住跟着打拍子。一曲唱罢，他还加码一个飞吻加鞠躬，我们都忍不住鼓起掌来。

妈妈说，小志订阅了很多自媒体频道，所以最近流行什么梗、各国流行金曲翻唱，都难不倒他。

这么有才华的孩子，在学校人缘却不好。

"怎么会？你很有趣欸，应该很受欢迎呀。"

"我也不知道啊，他们都不跟我玩。"一讲到朋友，小志脸上的光芒暗去，头也低了下来。"哼，他们不跟我玩就算了，我自己和自己玩也可以很开心。"

妈妈补充说："他太爱生气了，而且一生气就很恐怖。之前他带自己做的一些玩具去学校，同学不小心弄坏了，他就大发飙，把课桌都掀了，同学全都吓坏了。小学一二年级时还好，大家哭一哭，隔天还是玩在一起。到了三四年级，同学渐渐会记仇，常常说小志**爱生气、爱打人**。越这样讲，他越气，然后同学又一直说'你看你看，他又生气了'……"

这样的剧情，在注意缺陷多动障碍的孩子身上常常上演。他们的症状使得环境越来越不友善，而不友善的环境又加剧了他们的症状，形成一种恶性循环。

在用药后，小志的情绪和注意力不足症状有了部分改善，考试成绩进步不少，在学校发脾气的状况也从每周好几次，变成很久一次。妈妈和他每个月都来回诊，他和我越来越熟之后，甚至会在诊室的椅子上跳街舞给我看，天性整个暴露无遗。

"抱歉啦，今天早上太赶，又忘记让他吃药了。"妈妈不好意思地对我说——在那次小志冲进诊室，把我的椅子撞倒之后。

小志的爸妈开了家小店，平时非常忙碌，但还是会抽出时间带小志来看诊。

最难得的是，**妈妈对小志的这些行为并不是一味地苛责，很多时候，反而是抱持着一种参与和欣赏的眼光**，这点也让我觉得母子俩的互动常常充满温馨。

有一次，我问小志："最近有没有练新歌？"他神神秘秘地说，最近没练歌，在研究别的东西。

到了下个月回诊时，门诊护理师叫号，门打开了，却没有人进来。我纳闷地站起身，刚好见他和妈妈面对面螃蟹步地走进诊室，手上紧紧握着一组不知为何的东西。他们直直走到看诊椅后方的小空地，把手上的东西往地面一放。

"注意看喔！排超久的，一秒就结束了！"小志语气兴奋地表示。

我和诊室的住院医生、实习医学生都倾身向前，小志和妈妈数"一、二、三"，手一松，地上层层叠叠的冰棒棍像活起来似的跳起舞来。我们兴奋地拍手大叫，真的一秒就结束了，烟火般的表演。

妈妈解释，这是冰棒棍挑战。小志自从看到之后，就一直想试试看，还说反正每次来看诊都要等很久，排好了刚好可以和医生分享。

妈妈好气又好笑地陪着儿子弄这些。虽然每次来看门诊时都在抱怨他又闯了什么祸，但最终总是和孩子玩在一起，偶尔闹闹呛呛他，最后母子俩带着笑容，并肩走出诊室。

望着他们的背影，门诊医生也不禁嘴角上扬起来。

就这么稳定追踪了一年多,小志升上了六年级。

那日看到他在门诊名单上,但直到门诊结束,他们母子都没出现,我心里十分纳闷。虽然小志有时会忘了服药,但他们回诊向来十分有规律。

隔了两周,他们来了。小志腰际插着一把瓦楞纸做的手枪,一脸酷样地走进诊室,颇有杀手的气势。他一进门,就掏出手枪瞄准我。

"砰砰!"

我假装中弹,小志却笑我演得很烂。我也不计较,向他借了这把手枪来研究。做工十分精细讲究,竟然还可以换弹匣和开保险。我一边听他解说,一边问妈妈,上次怎么没有回诊。

"他爸爸上个月突然不舒服,送到医院检查,是急性淋巴型白血病。"妈妈语气平缓地回答。

我心中一惊,连忙放下手中的玩具手枪,询问爸爸的状况。

"做了化疗之后,现在已经出院了,但是状况还是不太好。之后就是要遵照疗程,回来做化疗,定期追踪指数。"

妈妈勉强笑笑,眼角藏不住担忧和疲累,神情比起之前憔悴了不少。

"所以上次才忘记回诊,我一直跑医院太忙了。最近他都自己吃药，常常忘记吃，又开始被老师投诉了。"

"欸欸，医生你好像不是肿瘤科的，一直问这个干什么啦?!"小志在旁边激动地呛声。我猜，他是不想一直听到爸爸的病情吧。

"但是其实说真的，这段时间，我觉得他长大了很多，我忙的时候，他会把弟弟带开，叫弟弟不要吵我。虽然老是教弟弟一些有的没的，一起做手枪、唱歌什么的，但是感觉越来越有哥哥的样子。有时候我心情比较低落，他也会耍宝啊、唱歌啊，逗我开心。有时候我都觉得幸好有他在。"妈妈看着小志，越说，眼睛越红。

"这么一看，好像真的有变稳重呢。"我说。

"欸欸欸，你是不是故意说我变重变胖！"小志该是听不惯这些温情话语，有些别扭，马上变成调皮捣蛋的样子，对我吐了吐舌头。"我最近练了一首新歌喔！妈妈，你也没听过，你们一起听好了，省得我麻烦。"

小志张口唱起歌来，已经逐渐变声的他，歌声竟然颇为成熟悠扬，是茄子蛋的《浪子回头》。

　　时间一天一天一天地走

　　汗一滴一滴一滴地流

　　有一天咱都老

　　带孩子逗阵

浪子回头

小志的闽南语纯正老练，这次听完，不知为何我有点鼻酸。看向小志的妈妈，她眼眶红红的，以一种复杂的神情看着儿子。

"欸欸欸，哭屁哭！我是要你们听了开心的……"小志嘴上不饶，但似乎感觉到了气氛，他走过去，主动抱了妈妈一下。

他们拿了药单离开，望着他们的背影，**我衷心期盼每个家庭都能够平安，能够尽早找到相处、相爱的方式，别总是需要病痛和死亡来提醒，要去理解与珍惜彼此能够相处的每一天。**

"医生阿姨，我真的好想我阿嬷……"

——一直是和阿嬷来的活泼男孩，失联了一年再出现，变得面无表情

我原本以为不会再看到小广了。

几年前的那个秋天，小广来到我门诊时，是由阿嬷带着来的。那时，从幼儿园就很活泼好动的小广，离开了对他百般呵护的幼儿园，一进小学便如同从天堂掉入地狱。

上课坐不住，联络簿[①]**老是漏抄，功课写不完。**以上这些注意缺陷多动障碍的症状，他一样不少。

更惨的是，下课和同学玩的时候，常常动作太大，自己身上左一块淤青、右一个伤口。

---

① 联络簿，即家庭联络簿，是台湾地区中小学一种亲师沟通的簿子，用于教师、学生、家长三方之间的沟通，其目的是让教师与学生和家长建立沟通关系，借此家长能了解学校班级的宣导事项和学生在校上课情况，而老师也能知道学生家庭概况，通常为初中、小学使用，在台湾目前只有极少数高中使用家庭联络簿。

他浑不在意也就算了，但他这次弄伤的同学可是爸妈的心头宝啊。

"啊谁不去打，嘟嘟好企①打到家长会会长的女儿！"小广的阿嬷皮肤黝黑，手上还拎着刚摘下的斗笠，一望而知是个田里做事的人。"结果我一直给人家灰失礼②，后来老师嘛帮阮③讲话，说我们会带小广来看医生，说伊④多动才会这样。啊医生，多动是啥？"

幸亏小广的老师很帮忙，早早记录好了小广平时上课的情形，写成一张字条给我。还请阿嬷在诊室打电话给她，直接告诉我，她观察到小广可能有的问题。

"其实小广很聪明，同样的题目，只要我一对一盯着他，他几乎可以全对。但是如果我放给他自己写，他就每次都考不及格。"

老师在电话里说着，我一边听，一边看着眼前的小广。他似乎也知道这次事情大了，坐在诊室的椅子上，一动也不敢动。

"老师说小广**很聪明，只是有点不专心，又很冲动。**"挂上电话，我向阿嬷解释。"有的孩子会这样，黑系⑤因为脑中欠

---

① 嘟嘟好企，闽南语，"刚刚好是"的意思。
② 灰失礼，闽南语，"灰"是"回"的意思，"回失礼"就是"道歉"的意思。
③ 嘛帮阮，闽南语，"嘛"是"也"的意思，"阮"是"我、我们"的意思。
④ 伊，闽南语，"伊"是"他"的意思。
⑤ 黑系，闽南语，"黑"是"他"的意思，"系"是"是"的意思。

荷尔蒙,吃药补一下可能有帮助喔!"我努力用闽南语对阿嬷解释着。

"啊?不专心还可以吃药喔!好啊,哪对他有帮助,让他试试看啊!"阿嬷虽然很吃惊的样子,但幸好还可以接受建议。

———✦———

下次回诊,阿嬷露出整排假牙,笑嗨嗨地告诉我,大家都说小广进步很多。

"医生,我这次考试一百分喔!"小广得意扬扬地对我说,完全不是上次那个畏畏缩缩的小男孩了,"而且我现在是班长,大家都要听我的话!我这么棒,有没有奖品?"

我让小广去玩诊室的玩具作为奖励,继续听阿嬷说。

"医生啊,老师说他真的改变很多啦。早知道吃药这么有效,我就不用这么操烦①了。我觉得我女儿小时候可能也有多动,就是小广的阿母。她小时候也是一直被老师叨,说上课都起来黑白走②。她很早就不爱读书,初中就跟人家跑出去了。"

"是喔,那她现在咧?"

"说到她,我真的被气死了。已经要三十岁了,也没在固定

---

① 操烦,闽南语,"操心烦恼"的意思。
② 黑白走,闽南语,"到处走"的意思。

做工作，男朋友一直换。会回家的时候就是闯祸了。上次大着肚子回来，生完小广就又跑去台中了，连孩子的爸爸也不知道是谁，就丢着小孩给我饲①。我们那里乡下地方，厝边头尾②大家传得多难听，你知道吗？孩子没有爸爸，妈妈也不常回来看他，孩子嘛是可怜，毕竟是自己的孙……"

"阿嬷你也真辛苦……"

"嘿啊③，我也六十几岁了，田里的工作，我也不知道还能做多久。真的是欠他们母子的。"

小广不断进步着，成绩扶摇直上，还越来越懂事，回到家，都会帮阿嬷扫地、晾衣服等。知道小广祖孙家境辛苦，我本来希望把他们转去他们家附近的诊所，比较省挂号费，结果阿嬷一口拒绝。

"看你看习惯了啦。医生你给小广帮忙，这也是一种缘分，我们跟你跟定了！"

看着小广的阿嬷土直爽朗的笑容，我也欣然接受他们的信任。

---

① 饲，"养、养育"的意思。
② 厝边头尾，闽南语，"左邻右舍、街坊四邻"的意思。
③ 嘿啊，闽南语，"是呀"的意思。

到小广三年级时,他们突然不再出现。我心里觉得怪怪的,但想着或许是阿嬷的身体不好,终于决定就近看诊了吧。

———◊———

过了约一年,小广的名字突然再次出现在挂号名单上。

叫到他时,一名少妇抱着一个婴儿,牵着小广进来。

"你好,我是小广的妈妈。"少妇眉宇间冷冷淡淡的,小广在她身侧,长大了些,却面无表情。

"噢,初次见面,你好。"

"老师要我带小广回诊,说他最近状况不好。老师说,他以前都是看你。"

我对小广妈妈解释小广过去的状况,还有治疗的进步,最后忍不住问了。

"后来阿嬷没再带小广回来了,是发生什么事了吗?"

"我妈死了。"小广妈妈这么说时,我瞥见小广身体缩了一下,"有天被一个不长眼的人骑车撞到,送到医院没多久就挂了。医院打电话通知我,可是我那时候正要生这个老二,只好拜托我男朋友下来帮忙处理后事,也把小广接到台中。后来我们决定回南部,才又把他带下来。那个人到现在也还没赔钱,气死人了。"

我回想起小广阿嬷憨直的笑容、对小广慈爱的眼神……一时之间很难接受她已经过世的事实。

小广面无表情地盯着眼前的地板，完全看不见以前的活泼开朗。

"他现在在学校一直惹是生非，一下子偷钱，一下子打同学，连学长学姐都打。老师骂他，他也一脸不在乎的样子。这个吃药真的有效吗？我是很怀疑啦。我本来都听人家说吃药不好，不想让他吃药。其实之前我也跟我妈因为他吃药吵过架，她老伙仔人[①]什么都不懂——"

"你才什么都不懂咧！"小广突然一声暴喝，拳头握得老紧的他，脸上青筋都快爆裂的样子，"我那时候吃药，大家都说我进步很多，后来你都不让我看医生。我跟你说，你都不听。"

"医生，你看他就是这样子。他爸爸如果骂他，他就总是这样顶嘴。上次还把我们家的桌子都掀了。"

"他才不是我爸爸！我不要他、不要你，只要阿嬷！"小广吼到最后，两行眼泪就这样落了下来。

我先请妈妈离开诊室，让小广慢慢平静下来。

"你一定很想阿嬷……"

[①] 老伙仔人，闽南语，"老人"的意思。

一开始小广还气呼呼的,听到这句,拳头才慢慢放松。

"我真的很讨厌那个叔叔,他和妈妈一样,都很不负责,连联络簿也常常忘记帮我签。阿嬷虽然没念书,但是她至少每天都会帮我签联络簿,虽然她根本看不懂。以前我们一起出去吃饭,她都会要我帮忙看菜单上的字,我为了帮她看,很用功地学会很多字,她就会说我很棒、很聪明……有一次我考第一名,我说我要吃牛排,她还真的带我来市区吃牛排。人家问她要几分熟,她根本不知道那是什么,我说七分熟就是还有一点点血,她还骂我说哪有人吃不熟的牛肉。医生阿姨,我真的好想我阿嬷,来医院,我就更想她……"

我只能让小广慢慢讲,慢慢哭完。

"我问你喔,你觉得如果阿嬷现在看到你这样,会跟你说什么?"

小广吸着鼻子,很认真地想了一下。

"应该会说查埔囝仔①不能哭吧。还可能会骂我是憨孙,她以前最常这样说我了,明明我就很聪明。然后要我听妈妈的话,明明她自己也很常说妈妈不负责任,可是她又说如果她有一天

---

① 查埔囝仔,闽南语,"大丈夫、好汉、男子汉"的意思。

走了,要我继续用功读书,要帮忙照顾妈妈。她也会要我听医生的话,她最常这样讲了。"

"你说得很好呀,我也觉得阿嬷一定会这样说。"

想到小广阿嬷的信任,我努力与小广的妈妈沟通吃药的事。她总算勉强同意了,但希望之后到诊所拿药就好。

"小广,我知道你很想阿嬷,阿嬷一定也很想你。所以你可不可以答应我?做任何事之前,想想阿嬷如果知道你做这件事,会说什么。"在他们离去前,我最后叮咛小广。

他很用力地点了头,主动帮妈妈提着大包小包,离开了诊室。

"有时候我都觉得根本就是我来看诊……"

——妈妈陪孩子来看诊,越讲,越心酸地哭了

小龙来了,扭扭捏捏地要妈妈拿东西给我。妈妈拗不过他,替他从背包里拿出那片 DVD。

我接过 DVD 端详了一会,像是从图书馆之类的地方借来的,上面写着"管不住的青春",封面是一群穿着制服的初中学生列队整齐,在看似演艺厅的地方演奏着,手上的铜管乐器闪闪发光。

"他加入管乐队,吹萨克斯竟也让他吹出兴趣来了。这是他们学长学姐的表演,他五年级过后会升上 A 团,以后到了初中,也很有可能像这样上台。"妈妈解释。

我看着在一旁看似专心叠着积木的小龙。四年级的他,已经不是刚来时的稚气模样,竟有些大人的神情了。这孩子在诊室向来腼腆木讷,每次来,总是说不到三句话,但我知道他其实都有在听我和妈妈交谈的内容。

"你看他最近的字。"妈妈拿出小龙的联络簿,翻开最近的几页。

"哇！好漂亮！"我惊呼。

小龙的字端端正正地映入我的眼帘，就像是舞台上整齐列队的管乐团成员，这对小龙来说可是一件不得了的成就呢。

———〰———

还记得小龙刚来门诊的时候，也像这样不发一语。当时还只读小学一年级的他，脸上的线条坚毅刚强，像一块石头。

他在学校让老师十分头痛，**不管老师要求他做什么，他总是不配合。**

"同学们，请拿出剪刀和胶水，按照学习单上的形状剪下来。"老师在课堂上解说着，全班都窸窸窣窣地开始手上的动作，唯独小龙一动也不动。

"小龙！小龙！你没听到我刚刚说什么吗？"老师开始提高音量，小龙漆黑的眼珠直直望着老师，小小的嘴巴紧闭着。同学们也都看向小龙这边，嘻嘻哈哈地笑他耳朵有问题。

最后老师气坏了，直接走到小龙身边，拿胶水"叩叩叩"敲着桌子，然后指着小龙说："你到底有没有听到我说什么？！"

小龙突然一把抢过老师手上的胶水，把它扔到前排同学的头上，然后跑出教室外。顿时老师错愕，同学们一片喧哗，纷纷指着窗外大喊："小龙跑出去了！老师，他跑出去了！"

妈妈转述这个情境时，我想象着在炎热的夏日午后，小龙跑出教室外的心情到底是什么样的。我们哪一个人，没曾想过要从令人困窘的场景中逃出去？操场上，会不会有蝴蝶翩翩飞舞？躺下来，能不能看见蓝得让人想去海边的天空？

　　后来我才知道，原来那天小龙忘了带剪刀，也忘了带胶水。他不知道该怎么办。听到老师一直警告、同学一直笑他，他心里又气又急，才会抢了老师的胶水丢到笑他的同学头上，然后拔腿就跑。

　　服药之后，小龙的注意力改善，不再经常忘东忘西了，和老师冲突的情形也就减少了许多，考试分数也明显回到他该有的水准。

　　我常常大声地称赞他：

　　"哇！这次数学又进步了欸！"

　　"美劳[①]作品好有创意喔！"

　　小龙还是不太说话，但从他稍稍柔和的表情可以看出，他其实偷偷地开心着。只是时不时还是会出现在学校不遵守老师指令的情形。

---

① 美劳，台湾地区小学的教学科目之一，教学内容包括工作、美术、劳作等，以教导学生体会劳动的乐趣，与分工合作、服务互助的意义，并利用自然界或日常生活中常见的物品，加以改造美化，以培养学生手脑并用、创造的能力。

有一次，小龙来门诊时，扭扭捏捏地示意有个表演要给我看。妈妈拿出手机，打开一个软件后拿给小龙，好听的《卡农》乐音流泻出来，他的手指飞快地在屏幕上滑转。原来这是一个叫作"别踩白块儿"的游戏，小龙很喜欢这个游戏，练习了好久。我听着音乐，看着他专注的神情，知道**他其实有把每次的赞美听进心里**。

曲罢，我用力鼓掌，小龙又恢复酷酷的表情，回到角落继续玩他的积木。

小学二年级的时候，他在诊室想出了一种厉害的游戏：他和妹妹把积木排成多米诺骨牌的样子，让骨牌从斜坡上滑下去，撞击下面的骨牌，然后骨牌可以一路往前倒。在他和妹妹一起推倒骨牌之前，我拿出手机，问他："请问我可不可以录影？因为这个玩法太厉害了。"

小龙当然又是酷酷地点头答应了。

"一、二、三！"我和妈妈、妹妹一起帮他数，他推倒骨牌，看着骨牌顺利地一块接一块倒下，他心里的石头墙好似也暂时地倒下了，露出兴奋的笑容。

我常对妈妈说，小龙就是需要遇到与他合拍的人，他只要认定这个人，就会在他面前表现得超好。

小龙的爸爸平时在外地工作，假日才会回台南，妈妈虽然一个人带两个孩子，但仍是十分用心，也很能看见孩子的优点。

小龙念小学三年级的时候,有一回,妈妈在诊室挫败地哭了。

"老师说因为爸爸常常不在家,我们家是问题家庭,所以小龙才会这样。"妈妈眼眶红红的,但忍着不哭出声来。

我递过纸巾,轻轻地叹了口气。

"医生,老师说的是真的吗?可是我们家爸爸每个礼拜都有回来,他又不是不关心孩子,他也都会陪他们玩啊!工作在外地,也不是他想要的啊。"妈妈越说越伤心,眼泪也开始一滴两滴地落下。

"我们不是感情不好的夫妻,老师好像把我们认为是那个样子的了,我觉得很难过。有时候我都觉得根本就是我来看诊⋯⋯"

妈妈边落泪,边说着。

小龙和妹妹一反平时的活泼喧闹,静静地排着积木。他们盖着盖着,盖出了一座城堡,像一个坚固、安稳的家。

接下来几次回诊,妈妈说小龙最近好像变成熟了,早上不用提醒,就会自己服药,老师也比较少投诉他在学校不配合上课了。还有，他的成绩也在一点一滴地爬升。

"他说想加入学校的管乐社，他们学校管乐社好像很操①。医生，你觉得呢？"妈妈已经习惯大小事都先找我商量，"而且我还担心会让他功课又落后……"

我向来乐见孩子有自己的兴趣，就对妈妈说："**只要他自己喜欢，我觉得都可以鼓励他去试试看。很多时候，他在这方面有成就感，连带着他的其他表现也会进步喔！**"

小龙就这样加入了管乐社，吹的是萨克斯。我打趣地对他说："哇，你吹这个很帅喔！"他又是腼腆地笑着。

本来以为他可能只是三分钟热度，结果这次小龙扎扎实实地在管乐社待了下来。妈妈一边抱怨他在家练习很吵，一边却也藏不住欣慰的眼神。

小龙的表现越来越好，连老师都渐渐对他另眼相看，他那像石头一般坚毅的脸庞，不知怎的看起来也越来越成熟了。

"现在出去买东西，他会主动帮我提，也会帮忙照看妹妹的安全。有时候我都会觉得，他越来越像个男人了呢。"妈妈这样告诉我。

看着他带来的 DVD，我想他是在向我预告，总有一天，他会像那些学长学姐一样，英挺、帅气地站在台上，吹响属于他

---

① 很操，台湾人用来形容事情很繁重、很累的说法。

的萨克斯吧。

———〜———

注意缺陷多动障碍的孩子时常伴有对立违抗性障碍，常出现的症状有：**与大人顶嘴争辩，故意唱反调，在课堂上公然反抗或挑衅老师，不听从指示或遵守规则，故意扰乱或激怒他人，把自己的过错归咎于别人身上，情绪经常暴躁易怒，常常与同学吵架，甚至动不动就打架，有很强的怀恨、报复心态等以及反抗、不服从、敌意和对立的行为。**

小龙并未完全符合对立违抗性障碍的诊断，但在学校，他确实不听老师的指令，也时常唱反调。这样的孩子常常会让大人气得牙痒痒的，而且不能理解为何孩子会这样。

然而，尽管我们试图用诊断去理解孩子，每个孩子还是不一样的。

从注意缺陷多动障碍"进化"成对立违抗性障碍的孩子，通常是因为**注意力不足、多动、冲动**，而导致生活中积累了太多的**负面经验**。

试想，这群孩子从一早就因为忘东忘西，不断被提醒、被警告、被处罚；因为粗心犯错，从课业上也得不到成就感；下课后再面对许多的功课，因为分心的关系，怎么写好像都写不完；由于功课没写完，又不能看喜欢的卡通、不能玩喜欢的游戏……

如此充满挫败的生活体验，就算是大人也会非常想逃离或反抗吧。 然而，孩子不能像大人一样请假出国充电，或是离职换个环境，无怪乎他们要一动不动地静坐抗议，或是头也不回地逃出教室了。

如果可以深入理解孩子，先从他充满挫败的源头——"注意力不足"进行处理，中止他继续堆叠生活的负面经验，再从他擅长的兴趣入手，重建自信。只要生活中正面的力量持续累积，敏感的孩子感受到善意，慢慢地就有机会改变。

孩子的成长，就像从屏东开车到台北，是一段长途旅行，而**燃料就来自我们对他的肯定。**

如果没有油了，他要怎么继续前行？而且这一路上尽是石头、玻璃碎片或坑坑洼洼的施工道路，很容易让孩子半路放弃，甚至弃车，不知去向。

方向盘掌握在孩子手上，而我们只能当他的最佳副驾，替他扫去路上的碎石、铁钉，提醒他加油及确认方向。

沿途虽然辛苦、狼狈，可能也会迷路，甚至有鬼打墙走回头路的时候，但也总在不期然的一个转弯后，孩子会带我们看见令人惊喜的风景。

你可能以为……

"什么都不谈，孩子就什么都不知道。"

"医生,有没有办法让我更专心?"
——少年穿着全身迷彩、戴头盔、背刺刀,坐在书桌前面念书

随着 COVID-19 肺炎疫情越演越烈,人心惶惶,儿心科门诊也变得相对冷清。在这非常时刻仍准时来到儿心科门诊的人,往往都是有着多年革命情感的老面孔。

阿浩母子就是其中之一。

白净清秀的阿浩总是由气质颇佳的妈妈陪着来。初诊时他才初二,来我门诊三年多,他现在已经长成高大、帅气的高中生了。

——∧——

刚开始,妈妈的主诉是阿浩总是不专心,不管在学校上课还是在家里读书都如此。乍听之下很像单纯的注意力问题,但在进一步会谈之后,发现阿浩背后还暗藏着其他有趣的特质。

"他很喜欢军事的东西。你知道有多夸张吗?有一天晚上,我进他房间,差点被他吓死,"妈妈口沫横飞地描述,"他竟然

全副武装地在念书!"

阿浩白皙的脸唰地红了,那神情真可爱。

我忍住心底的惊讶,问:"你是说他穿着军装在读书吗?"

"对啊!全身迷彩,戴着安全帽,还背着一把步枪。"

"我戴的是头盔,背的是刺刀!"阿浩有些结巴地辩解,妈妈翻了个"那是重点吗"的白眼。"我这样才能比较专心啊!"

拥有特殊局限的兴趣,投入程度异于常人,常常搞不清楚旁人在意的重点——看来阿浩除了不专心之外,还有一些亚斯伯格特质。

我接着厘清其他的亚斯特质,然后对他们说明。阿浩和妈妈从头到尾不停地点头,点到头都酸了。

———◇———

接下来的日子,阿浩有规律地一个月回诊一次。除了以药物处理注意力不足的状况外,母子俩每次总是带着这个月内两人最难沟通的问题来考我。

"他最近在跟我吵着要用网络。谢医生,你觉得我应该开放吗?"妈妈率先抛出议题。

接着,我请阿浩发表看法。

"这个礼拜,我和表哥、表姐见面,他们的手机都可以无限上网,只有我不行,我真的觉得很不公平!"他愤愤不平地表示。

"我们有约定每天用一个小时,到周末增加为两个小时,我觉得这样已经很多了,而且你每次都不遵守规定,每次都说等一下等一下。"

"可是哥哥他们都可以一直用。"

"那你怎么不看看哥哥他们的成绩比你好多少。"

"为什么每次都要拿我和哥哥他们比成绩!"

开始陷入混战了,我连忙举起左手,打断他们两人的唇枪舌剑。

"好,我先就目前听到的,整理一下。你们原本是约定平日每天一个小时、周末每天两个小时,对吗?是用电脑,还是手机?"

经过一番厘清之后,他们原本的约定是:无论电脑或手机,周一到周四,每天可以使用一个小时,周五到周日是两个小时。

阿浩花了很多时间查阅军事的信息,并不是在玩游戏。

另外,妈妈在意的其实不是阿浩的成绩,而是希望他多花点时间读书,希望至少看得见他的努力。

这些信息看似琐碎,但是对于接下来如何制定新的规则来说,非常重要。计划总是赶不上变化,最好要考量各种可能发生的状况,并且视情况作弹性的调整。

"还是如果我多读书一分钟,你就多让我上网一分钟呢?"阿浩提出蛮有创意的建议。

但是妈妈立刻又翻了个白眼。"读书是你本来就该做的事,好吗?!"

"我倒是觉得阿浩这个建议蛮不错的欸。"我表示,"但可能还有一些细节要讨论。"

经过一番锱铢必较的讨论后,"网络条约"的最终版本是:阿浩每天把原本该完成的作业做完后,额外读书的时间可以乘以三分之二变成网络使用的时间。加上原本就可以使用的一个小时,平日每天总使用时间不能超过两个小时,并且要在十二点以前上床睡觉,而尚未用完的时间,可以累积到周末使用。

接下来几个月的回诊,"网络条约"又逐渐新增了几项但书[1],如:帮忙做家务的时间,也可以折抵网络使用时间;上网时间由阿浩自己管控,但妈妈会不定时地突袭检查,等等。就这样,经过滚动式修正,"网络条约"总算渐渐从门诊议题排行榜上消失。

---

[1] 但书,法律上的专门用语,当同一条款的后段要对前段内容作出相反、例外、补充或限制规定时,往往使用"但是"一词,"但是"以后的这段文字被称为"但书",也引申为有条件的协约。

尔后，我们又共同经历了阿浩和同学一起上台北玩耍加外宿、和女生讲电话讲很久（据阿浩本人表示他们只是朋友）、会考结束后到底要选高中还是高职……

不知不觉间，阿浩从稚气的初中生，变成了稳重许多的高中生。

——∧——

这次回诊，不知为何，气氛有些许严肃。

"他最近好像有点太认真念书了。"阿浩的妈妈提出了这个可能会让很多人听起来像是炫耀的担心。

我听了，差点没从椅子上跌下来。

"医生，我想问有没有办法让我更专心一点？"阿浩皱着眉头问我。

"怎么了？你最近已经很认真读书了欸。"阿浩上了高中之后，不知为何，比初三时还认真读书。

"上次段考[①]，我已经很拼命念了，考前一个礼拜，我每天都熬到两点才睡，可是成绩还是只有物理进步了，我想要在班里排名更前面一点。"

[①] 段考，在台湾地区，不论什么阶段的学习，每一个学校在学期内都会主办几次段考，绝大部分是3次，还有期末考。

"好像太拼了喔！你不是早上六点多就要起来坐校车吗？这样睡眠时间有点不够，也会影响到大脑，白天反而没办法专心上课和念书啊。"我有些心疼。

"但是晚上我常常会分心，所以读书时间拖很长。而且可能越认真就越在乎，我现在好担心考试，紧张到好像都有点睡不着，我以前从来不会这样子。"

阿浩看起来好苦恼，我再仔细问下去，**原来因为亚斯的固执特质让他反复担心同样的事情，很难转移，而注意力不集中又让他无法专心……在最近如此高压之下，一些焦虑甚至忧郁的症状就跑出来了。**

"我最近只要一紧张，就会觉得指甲边边那些皮特别刺，会一直想剥，可是剥了之后就更不平，最后只好拿刀把它切掉。医生，你不要担心，我都有消毒。你看我这边有颗粉瘤[①]，我有在想要不要买手术器具来，好好把它们处理掉。"

阿浩最近的兴趣转移到医疗手术上，读书之余，都在研究这些开刀或是急救知识，前阵子甚至还买了针头来帮自己抽血。我越想，越担心他真的会买手术刀来帮自己动手术。

---

① 粉瘤，一般指皮脂腺囊肿，外观上看起来有时候就像比较大颗的闭锁性粉刺，常常长在脸部、头皮、颈部、耳朵、躯干等部位，在四肢则比较少见，大小从直径几毫米到几厘米都有可能。目前医学界认为是因为粉刺发炎或表皮受伤后导致毛孔的上皮细胞增生，产生了这样的囊袋结构。

"不过，你现在主要还是想把书读好，对不对？"我问。

阿浩用力点头。

我评估了一下，阿浩现在的焦虑症状已经达到必须用药的标准，至少得先缓解他的过度焦虑，让睡眠时间充足，才不会落入"焦虑→失眠→无法专心→更焦虑→更难专心"的恶性循环里。

于是，我向阿浩和妈妈解释我的想法，还有药物使用的原理、作用及副作用等。幸好他们十分信任我，很爽快地就答应了用药。

就在打印机唧唧唧地印出药单的同时，妈妈突然很小声地说："我觉得他最近会这样，是因为我。"

"啊？什么意思？"

母子俩互看一眼，妈妈才开口解释道："其实我年初发现得了乳癌，不过经过开刀和局部化疗后，医生说已经痊愈了，只要追踪就好。但他自从知道这件事之后，就好像突然成熟起来了。"

我被这突如其来的消息弄得脑中顿时一片空白。连我都如此震惊，可以想见对阿浩的影响有多大。

难怪妈妈看起来身体比以前瘦弱了些。

感觉起来，妈妈没有像以前那么气势凌人了，也不再对阿浩那么紧迫盯人了，母子间的互动比以前温和许多。

再仔细想下去，最近阿浩的特殊兴趣也变成与医疗相关……我心里有点酸酸的温柔，像苏打汽水里的气泡，一一浮了上来。

"我就是觉得，至少让妈妈少担心一点，癌细胞是不是比较不会复发。"

阿浩的语气虽然还是带点亚斯特质的一板一眼，但缓慢而坚定，一字一句清楚地从他口中吐出这些话。

阿浩的肩膀又比前些日子宽了些，坐在他身边的妈妈看上去更显娇小。她听完阿浩的这番话，说不出话来，眼眶却红了。

"我哪有乱讲话，书上明明就是这样写的"

——他迷上了医疗知识，从知道妈妈患了癌症开始

阿浩是个亚斯的高二男孩，从初二开始就每个月来诊室报到。每次妈妈带着他回诊，都会请他先想好今天要和我讨论什么，通常是这一个月里，他遇到的困难或卡住的事情。

不知道是不是与妈妈患了癌症有关，最近他迷上了医疗知识。

———√———

这次回诊，他扭扭捏捏的，明明有什么事情要跟我说，却又不敢说出口。最后还是妈妈开口帮他起了个头。

"他最近闯了一点小祸。"妈妈语气平静，"我们前几天收到了'航警局'①的公文。"

"啊？"我掩不住自己的惊讶。

---

① "航警局"，台湾地区的"内政部警政署航空警察局"的简称，主要负责维护台湾地区的航空运输秩序、治安事务。

妈妈对阿浩使了个眼色,阿浩才吞吞吐吐地说:"就是……我上网看到正肾上腺素[①]可以用于急救,就想说可以备个几罐在家里,万一突然有人需要急救,就可以派上用场。可是在台湾,这好像是管制药品,总之不管怎么样,我都买不到,所以后来我就用那个药名上购物网站找……"

"然后呢?"我心中惊叹亚斯的坚持度真的不是盖的。

"结果真的就被我找到一个卖家有在卖,所以我就跟他订了几瓶,钱付出去,他也真的出货了。可是一到海关,马上被拦下来了,航警局应该是怀疑我走私药品,所以就发了公文来,要我到那边说明。"

妈妈掏出公文给我看。

"哇塞,你才不止买几瓶肾上腺素,还买了生理盐水和局部麻醉剂,总共好几瓶欸。"我看完,忍不住吐槽他的避重就轻。

"啊就想说,如果我自己受伤需要缝合,可能也会需要局部麻醉剂,我没有想要缝别人啦,所以不算医疗行为,这个我都上网查过了。"

我又好气又好笑。到底该说阿浩很认真,还是很无厘头?

"所以现在就在等他们确定要我们到航警局说明的时间。"妈妈很冷静地表示,带点无奈。

[①] 正肾上腺素,又称去甲肾上腺素,它既是一种神经递质,主要由交感节后神经元和脑内去甲肾上腺素能神经元合成和分泌,是后者释放的主要递质;也是一种激素,由肾上腺髓质合成和分泌,但含量较少。

"嗯,也只能等了。不过,犯法的事情还是不能做喔。你之后如果真的进了这一行,这些医疗用品,每天都可以看得到,不用急于现在啊。"

我忍不住还是训了阿浩一下,意识到自己怎么好像比阿浩的妈妈还碎念,我转头对妈妈说:"阿浩妈妈,你现在真的很厉害欸。对这些事情,好像都很能接受了?"

"对呀,**就知道他是这样的孩子,我也晓得他完全没有恶意,就只是对这些真的太有兴趣了。事情遇到了,就要去处理。他还是我的宝贝孩子啊。**"

妈妈简直像菩萨般地露出温柔的笑容,我真的打从心底佩服。

"对了,医生,我想问你有没有考过 ACLS(加强心脏生命支持)?"阿浩突然话锋一转,又开启了新的话题。

"你怎么会想要问这个?"

"因为我最近想要去上课,想考执照。"

"嗯,这样很好呀,至少你有证照的话,很多事情就会变得合法了,也不用像这次会被约谈。"

"我已经买了书自己看,不过有很多药物或疾病真的蛮难的,看得不是很懂,像那个心电图 VT、VF……"阿浩说到这些,又开始眉飞色舞。

"这些在上课的时候,急诊科医生会很详细地说明,你只要认真听，有问题时发问就可以了。"再听他说下去，看诊就要变成急救训练课程了。

妈妈从旁边补充："我们上次开车在路上，看到有人出车祸，他就叫我停车，然后他冲下去想要帮忙。"

"噢，那次妈妈开车，我看到旁边有个人骑车骑很快，"砰"的一声就撞到红灯右转的车子上，整个人飞了出去。我下车去看，觉得他应该是骨折了。后来救护车很快就来了，可是我觉得他们急救的过程怪怪的，好像没照标准流程搬动病人。我很想冲上去跟他们说这样不对，书上不是这样写的，可是妈妈拦住了我。"

阿浩一脸不解，有些愤愤不平的样子。妈妈在旁边欲言又止。

"妈妈，你那时候担心什么呢？"

"就觉得不要干涉人家救护人员工作啊，人家应该也是有他的专业吧。你一个高中生如果去那里乱讲话，等下惹祸上身——"

"我哪有乱讲话，书上明明就是这样写的。"

眼看阿浩又开始"据理力争"，妈妈闭上嘴，求助似的看着我。

"阿浩，我建议像这样的问题，你可以记下来，等到去上急救课时问老师。但我和妈妈一样，不建议你当场就去说喔。"

"为什么？"

"当时家属在旁边,对吧?我的理由分成两个部分。第一个是医疗的部分。你知道医疗的流程日新月异,有时书上写的也可能是旧的信息。你当时确定你说的医疗流程是最新的、最正确的吗?"

"呃……其实我也不是那么确定。"

"是啊,所以如果在你不确定的状况下,贸然去干涉他们的急救,会怎么样?"

"可能会害了他们。"

"嗯,除此之外,家属也可能……?"

"觉得我在干涉医疗?"

"没错。假如延误时间,结果你又是错的,你觉得?"

"那我就完蛋了?可能会被告欸!"感觉阿浩吓出一身冷汗。

"是啊。第二个是人情世故的部分。你说当时家属在旁边,对吧?"看阿浩点点头,我继续往下说,"那你觉得如果你过去对救护人员说:'欸,你们这样是错的。'家属可能会怎么样?"

"嗯……可能会告他们。"

"所以那些救护大哥听到你的建议,他们在这个前提下,会有什么反应呢?"

"我不知道……"

"有两种可能,最有可能的是他们不接受你的建议,坚持他们是对的。因为如果接受你的说法,就代表他们是错的,而旁边的家属都听到了,如果出事,家属就可能会告他们。另一种是他们冒着被家属告的危险，接受你的说法，但这可能性……"

"应该很低吧。"

"所以最有可能的就是，你坚持你的做法，他们坚持他们的，在那里争执不下……"

"然后延误急救的时间。"阿浩恍然大悟，"可是万一我是对的，难道就要这样放任事情错下去吗？"

"你要先很确定自己是对的，这需要你去上课及有实务经验的累积，等到你变成很有经验的救护人员。假如你很确定自己是对的，这个流程又可能会对病人造成很重大的影响，我才建议你直接在私底下告诉救护人员。不然，对方一定不可能当场认错，你们就只是在那里吵架，病人最后也没有得到你希望的救护，只是拖延了急救时间而已。"

看阿浩终于点点头，心领神会的样子，我总算松了一口气。**要亚斯的孩子练习把"人性"考虑进决策流程，真的是非常困难的一件事啊。**

阿浩的妈妈在此时终于开口："谢谢医生对他解释。我跟他说了好多次，他老是听不进去。"

"因为妈妈都只有告诉我不要管别人的闲事啊！"阿浩抗议。

"关键是一步一步地拆解，然后把人性考虑进去，这样他才能理解为什么不能得到他想要的结果。有时候甚至可以画图。阿浩很聪明，还算很快就可以转过来的。"

"唉，看他这样，我实在是担心他如果真的要走医疗这一行……会不会出什么事？"妈妈忧愁地说。

"他的出发点绝对都是为病人好，因为他非常善良。只是其他周边的技巧，还需要再带着他多思考、讨论，这样才能更顺利。医疗是需要高度团队合作的职业，所以今天这些想法，阿浩要记起来喔。"

说真的，我也有些担心，不过还是走一步算一步吧。相信阿浩的纯良本性，会带领他走上适合的道路吧。

"我再也不要踏进校门一步"

——听见一群同学在背后讲她坏话，
她直接走向前，把奶茶泼在同学脸上

"维基百科"："闺密"一词应为"闺中密友"的简写，但也有许多人把它故意误写成闺蜜，蕴含"甜蜜"之意。

在这次门诊之前，我从没想过小八也会有闺密。

——◇——

小八刚来看我的时候，学历停留在初二，当时十五岁的她，已经休学在家一年多了。

皮肤苍白的她，脸上布满了青春痘。及肩的长发上，飘落着雪花般的头皮屑。

焦虑度极高的小八妈妈表示，小八自小被诊断为亚斯伯格症，不善交际的她，从小学开始就时常被同学霸凌。

上了初中之后，状况更是变本加厉，偏偏小八也不是省油的灯。初二时，某次听见一群女同学在她背后讲她坏话，她直接走向前去，把手上的奶茶泼在女同学的脸上。

可想而知，女同学的家长到学校去大闹了一场，小八从此拒绝再到学校去，连其他学校，她都不愿意再踏进校门一步。妈妈无奈之下，只好替小八办休学。

此后，她在家里作息紊乱，**情绪起起落落**。情绪高昂时，她会半夜不睡，拿妈妈的化妆品在脸上乱涂，把自己画成个大花旦；低落时，她又可以好几天在床上不吃不喝，完全不下床活动，也不理人，自我照顾能力退化到了非常差的程度。

人生给小八的考验并不是单选题。仔细询问过病史后，我认为她除了亚斯之外，应该还有双相情感障碍在作祟，她的心情才会如此起伏不定。

妈妈原本已对小八的情况不抱任何期待，因为根本无法把小八带出门，她也很久没看医生了。这次回来儿心科就诊，是因为小八最近似乎处在轻躁期，突然间变得动机较强、想法很多，非常想知道自己的智商有多少，妈妈告诉她如果要做测验，必须回诊，才趁势把她带来。

处在轻躁期的小八滔滔不绝："我小学三年级的时候做过一次智商测验，我记得那次是一百二，医生说那很高。可是我觉得最近好像有退步。以前我在班上都考前三名，但是我同学现在都上高中了。医生,你觉得我有没有退化?我是不是有空也应该多看书?"

妈妈赞同小八在小时候的学业表现是挺好的。"她那时候都觉得考试很简单,同学如果写错,她就会去笑人家,说:'哈哈哈,怎么那么笨,这么简单也不会。'结果她就变得人缘超级差。"

"哎呀,那些过去都不重要了啦,好汉不提当年勇。我只是想知道我现在的智商到底多少。"小八仍跳针①在她的智力上。

"嗯,听起来,你现在真的可能有退步欸。我们做测验其实得排队排一段时间,你要不要趁着这段时间调整一下你的情绪,情绪平稳一点,对你的智商表现也会有帮助喔。"

我趁机给个说辞,希望可以让小八接受双相情感障碍的治疗。

"真的吗?我以前都没有好好吃过药,每次好一点,妈妈就说我不用吃了。"

我将目光投向妈妈,她心虚似的回避我的眼神,小声地解释:"以前就觉得孩子还小,不要靠药物啊。但是这一年多以来,我真的也精疲力竭了。她有时候亢奋起来就好几天都不睡觉,化妆化得像鬼一样。情绪低落时,又一直说想死,不吃不喝不

---

① 跳针,原指唱片因为同一个问题不断在同一个地方出错,导致一直重复播放同一段落,现在多引申为不断讲重复的话。

洗澡，我真的没力气顾她了。"

"反正小八都已经这么久没上学了，我想不管吃不吃药，她也不会比现在更差了，不如这次就试试看吧？现在的药物也比以前更新，更没有副作用了喔。"

其实听完小八的复杂病情，加上她已经拒学这么久了，我也有点抱着姑且一试的心态。

"你如果不好好接受治疗，我觉得也没有安排测验的必要，因为测出来一定比以前退步。"看小八和妈妈还是有些犹豫，我把话说得重了一点。

最后帮小八安排了测验时间，并且让她带了稳定情绪的药物回家。

令我惊讶的是，小八从此规律返诊。在药物控制之下，妈妈说她情绪不稳的状况慢慢改善了。

小八开始每天洗头、洗澡，渐渐可以帮忙做点家务了，接着进步到可以去巷口帮忙买东西了。

在妈妈锲而不舍的鼓励之下，她也重拾书本，想把落后的进度补回来。

———⋀———

接受了药物治疗半年，小八和妈妈在我的门诊讨论之后，决定报名一所高职的影视专业。

"我真的好担心,她会不会回去上学之后,又和同学吵架,然后又不上学了。她现在真的进步很多了,很怕她又退回去……"妈妈担心地说。

"和同学相处真的很困难,但我现在比他们大两岁,他们可能比较不敢来惹我?说不定会比较听我的话?"小八的想法总是十分特别。

"小八现在的情绪应该有比之前稳定,药物应该会起到保护作用。我们可以定期回诊,有任何人际相处的问题,都可以带来门诊讨论。"我鼓励她们,虽然心里也有些担心。

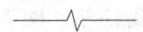

高职开学后,小八第一次回诊。见她身着制服,我和妈妈两个人感动不已,虽然她在学校仍然是跌跌撞撞地走着。

影视专业的分组作业特多,同学虽然不像初中那样直接排挤、霸凌她,但在她和同学合作的过程中,还是不时有冲突发生。

"期末要拍小短片,我想当导演。但其他同学都不投我,后来我只当了场控,递茶、递水、递道具。医生,你告诉我为什么,明明那个当导演的同学比我笨。"小八气呼呼地描述多媒体制作课发生的冲突。

"你有没有直接对当导演的同学说,你觉得他很笨。"我担心地问。

"没有啦,你有说过不能当面讲人家笨,要维持表面的和平,所以我来这里骂给你听啊。"

还好,这小鬼有听进去。

"做得好,你比之前有进步了呢。"我给予正向回馈,"继续保持表面的和平,你如果有什么想法,就告诉导演,导演若听你的,你就变成地下导演了喔。"

"哼,要一直维持表面和平真的好累喔。"小八抱怨。

原本以为事情就这样解决了,殊不知,精彩的在下次回诊。

"导演一直卡我的戏,我后来生气了,就走过去呼他一巴掌。"

"啊!"我震惊。

"但我后来有去向他道歉了啦,反正他也抓伤了我的手臂。"小八撩起衣袖,果然有数条指甲痕。"我觉得这样比初中好,反正互相伤害,两不相欠。"

真不愧是亚斯的孩子,**思考方式直来直往**到令人佩服。

"她现在的同学好像比较不会和她计较这些,两个人打完架之后,竟然还可以同组把作业完成。"妈妈松了一口气的样子。

"有时候,环境的包容力也是很重要的。"我心中也替小八庆幸着。她之前的初中是重点学校,同学与家长的状况应该和现在的差很多吧。

高二时,小八曾一度因为忧郁症发作,差点回不去学校,但在药物的调整之下,很快稳定下来。最后,她有惊无险地毕业了。

毕业后,小八去上职业培训课程。她妈妈惊喜地表示:"医生,你绝对不敢相信,她现在每天都早睡早起,自己设闹钟,搭公交车去上职业培训课欸!"

妈妈掩不住眼中的喜悦。

"她好像终于长大了。她和一起上课的几个女生感情不错,回家后也都会跟我说她们今天聊了什么、周末要约去哪里。她每天都很期待去上课,很有归属感的感觉。"

"真的?我以前很难想象小八会有闺密欸。她现在真的成熟很多了呢。"我也很替她开心。

"她说,其中一个好朋友年纪轻轻就在洗肾[①],她觉得对方很辛苦,感觉她现在也比以前有同理心多了。那时候有来看诊真是太好了!虽然那次的智力测验做出来退步二十分,她回家后

---

① 洗肾,就是透析,一般指血液透析。因为肾脏有病,如肾衰竭、尿毒症等,肾脏功能已经严重衰退或完全丧失,不能再排出体内的有害物质,需要通过透析来把血液里的有害物质排出体外。

还哭了。但也是因为这样,后来她才肯乖乖服药。"

"对啊,她后来才相信情绪起伏真的会害她变钝。现在真的稳定多了呢。这次可以再帮她调低剂量了。"

我想起小八刚来时的样子。有时,人与人相遇是一种机缘巧合,能够倾听和帮助孩子,是身为儿心科医生的使命和幸运,虽然不一定能帮上每一个孩子,但总是要尽力去做。

想象小八和闺密相处的样子——青春虽然兜了一大圈,终于还是如同迟来的春天,温暖地绽放在小八的生命里。

"我在家也可以有志于学啊"

——少女从小就是班上的边缘人，只有唯一感兴趣的古文是好朋友

那天上午的门诊，因为有来精神科门诊见习的小儿科住院医生跟诊，我是这么对她开场的。

"学妹啊，我们精神科医生有时候要懂蛮多方面的事情，得扮演很多重的角色，使用病人的语言，才有办法和病人沟通。尤其是儿心科，你必须很了解每个年龄层孩子的喜好与胃口，才有办法和他们建立关系。"

学妹似懂非懂地点点头，看起来不太理解我在说什么。

接下来，门诊大大小小的孩子们陆续登场。

我先跟两岁的小小孩牙牙学语地说："来，请把车车给姨姨——"

接着，和忧郁的高中少女聊偶像团体的应援小物和应援色。

初中的注意缺陷多动障碍少年进来诊室了，我和他讨论"传说对决"与"决战！平安京"两款游戏，哪个比较好玩。

然后，一名初中少女，因为不想上学而一直说自己头痛。妈妈拿她没辙，带她去看了小儿神经科，被小儿神经科医生转来我的门诊。

"小儿神经科医生说她是心理的问题啦。"妈妈解释。

"要不要说说看，你为什么不想上学？"我问。

少女顶着一头乱发，穿着学校的运动服，表情淡漠，低头向暗壁，千唤不一回。

我扫视她一圈，身上没有任何吊饰、明星周边物品，衣服也是一般的校服，看上去不像参加了什么社团或校队，可以用来切入话题。

"她有没有特别喜欢什么东西？"我转向妈妈。

"特别喜欢的东西……啊，她喜欢古文。很奇怪，和其他同学都不一样。常常捧着一本什么止的在那里看一整天。"妈妈思索了一下回应。

喜欢看《古文观止》啊，看来得拿出点真功夫了，我心下盘算着。

"你现在十四岁快十五岁了，"我看着电脑上的她的出生年月日，说，"你知道孔子十五岁的时候在做什么吗？"

很好，她抬起头，与我眼神接触了。

"子曰：吾十有五而志于学。"我缓缓道出。

"三十而立，四十而知天命。"她缓缓露出微笑，情不自禁地接下去。

"四十而不惑,五十才是知天命。你看你都没有去学校,连你最喜欢的古文都开始忘记了。"

"对对对,四十而不惑,五十而知天命,六十而耳顺。"她抓抓头。

"七十从心所欲不逾矩。所以我没有要求你现在就可以遵守所有规矩,但是至少也要开始有志于学吧。"

"我在家也可以有志于学啊。"

"不行。"

"为什么不行。"

"因为学而不思则罔,思而不学则殆。你都窝在家里自己思,同学都在学校一直学,你总有一天会迷惘又倦怠。"

"好像也有道理。被你说得我都忘记为什么我不想去学校了。"她搔搔短发,露出尴尬的笑容。

"你看你迷惘了!既然想不出为什么不去学校,那就要好好去。你现在开始有志于学还不晚!"

既然接上轨了,我开始厘清少女在学校的人际与学业状况。

她说,她从小就不知道怎么交朋友,常常没讲两三句话,别人好像就不想跟她聊天了,所以只好一直当班上的边缘人。

上初中之后,她发现自己对古文特别有兴趣,但班上同学都觉得她是个怪胎,她只好趁着下课时,缠着语文老师聊古文。但老师也很忙,只能丢《论语》《古文观止》让她自己看。其他的科目，她的成绩都一塌糊涂，唯独语文成绩在班上一枝独秀。除此之外，她还特别喜欢写论说文类的报告，每次有类似的作业，她都会很认真完成。

妈妈说："别人看她这样头低低的，又不说话，还以为她是笨蛋，可是其实她写那些报告超厉害的，连老师都吓到。"

我们讨论了唐宋八大家，谁该为首；《诗经》风、雅、颂各自的魅力……少女与我相谈甚欢，妈妈和住院医生在旁边瞠目结舌，完全搭不上话。

最后，我们两人达成共识，她同意下次来门诊时，要交一份报告给我，论述她"要上学／不要上学"的好处与坏处，然后我们再来一起讨论，到底要不要上学。

妈妈满意地带着少女离开门诊。

我回头看看跟诊的小儿科住院医生，问她有没有问题。

"老师，你们看诊都像这样吗？"她吃惊到整个下巴都快掉下来了。

"也不一定啦，弱水三千，取一瓢饮，刚好碰到谈得来的病人才会这样，这些都是缘分问题。"

突然间发现自己语文老师上身还没退驾，我赶快转回频道。

"她应该是亚斯伯格症。**和亚斯的孩子沟通时，如果谈到的是他有兴趣的事情，会突然像广播调准了频率似的，此时你说的话，他才听得清楚。否则你长篇大论，在他耳中很可能只是**

如同'沙沙沙'的杂音。 从对你完全没兴趣、懒得理,到把你当平生知己、知无不言,那种戏剧化的程度,就如同你刚刚看到的那样。"

一周后,古文少女回诊了。

妈妈表示,上星期女儿被我辩才无碍地说服后,虽然仍颇有抱怨,但至少这礼拜都有努力地起床,去上学。

妈妈报告完毕,我满意地点点头。此时,少女从她的书包里拿出一份 A4 白纸,递到我面前,上面分成两栏。她字迹娟秀,很认真地列出了上学/不上学的优、缺点。

上学的优点有:不用被罚辍学罚款三百元/天,不会浪费营养午餐钱三十五元/天(下方还小计三百三十五元/天),可以上她最爱的语文和历史课。而不上学的优点只有:不用起床,生活悠闲,可以"摆烂",等等。

辍学罚款的部分,我甚至闻所未闻,少女说她是上网查的。

"根据 2013 年'立法院'[①]三读[②]通过的'强迫入学条例',

[①] "立法院",台湾地区的最高立法机关。
[②] 三读,在通过一项法案前,需要多次宣读法案条文,一般三读通过后,便意味着该法案在立法机关中正式通过。

中辍生[①]家长或监护人若无故不让学童复学，经劝告仍未改善，每次将被罚三百元，可连续罚至复学为止。"

见我有疑惑，少女直接把法条字正腔圆地背出来给我听。

逐项与她讨论完后，我问她结论。

"你看，上学的优点这么多、这么长，不上学的这么少、这么短，比较之下，当然是回去上学啊！"这下子，她倒理直气壮，一副是我脑筋转不过来的样子。

———〤———

虽然少女要回学校的心意已决，但可别忘记她潜在不想去学校的原因。于是，我们又花了一周讨论回去上学时需要注意的事项，比如说：她的自我清洁、仪容整理、社交应对等。

历时三次的短期门诊咨询就这样结束了。

我问她还要不要回诊，她说这样都要请假不好，会影响课业。于是，本来已经打算复习《古文观止》，好继续与她口若悬河的门诊医生，只得带着略为不舍的祝福，目送她离开。

---

① 中辍生，即中途辍学学生，指台湾地区小学及初中学生有下列情形之一者：(1) 未经请假、请假未获准或不明原因未到校上课连续达三日以上；(2) 转学生因不明原因，自转出之日起三日内未向转入学校完成报到手续。

"妈妈,为什么你眼睛会流出液体?"

——他卡在不会写的题目上,卡到哭了,
就是没办法不按照顺序,跳过不理

小鱼和妈妈第二次回来门诊。

小学一年级的小鱼很聪明,记得上次来门诊时,有玩具可以玩,这次他一进来就字正腔圆地问我:"医生,请问我可以跟你借玩具吗?"

他们这次回诊的目的,主要是我要对妈妈解释小鱼的心理评估报告,于是我告诉小鱼:"你有问我,非常棒!那你等会儿会帮我收玩具吗?"

小鱼笃定地点点头,我便放他去玩机器人了。

妈妈一边坐下,我一边问她:"妈妈,上次回去之后,有没有自己稍微了解一下亚斯呢?"

小鱼的症状十分典型,初诊时,我便几乎确定他是个聪明的亚斯孩子。在这个前提之下,初诊结束前,我通常会给家长提供一些网站及建议书单,让他们可以回去先做点功课,这样在复诊看报告时,家长比较容易理解为何我会下此诊断。这段时间也好让家长先做好心理准备,毕竟要接受孩子的特殊之处,不是件容易的事情。

"医生,你知道他刚刚在外面问我什么吗?"

"什么呢?"

"他问我:'妈妈,你知不知道什么是正电和负电?'"

我闻言不禁莞尔一笑,上次的病历中就记载着"小鱼的特殊兴趣是自然科学"。

局限的特殊兴趣是亚斯最有特色的症状之一。亚斯孩子常常会喜欢恐龙、交通工具、自然科学,也遇过喜欢历史、天文、古文的。他们的共通点是,会非常沉迷于钻研这项他们喜欢的事物,也因此他们在这方面的知识往往都比我们还丰富许多。

"我还以为他在问我副店长的副店,正在纳闷他是从哪里听来这些词汇的。"小鱼妈表示。

"妈妈,你这就太不亚斯脑了。他一定是在跟你说电极的正电和负电。"我忍不住笑着说。

亚斯伯格是孤独症谱系障碍中的一个分支,而他们的大脑也曾被称为"过度理性的大脑"。虽然每个亚斯人的兴趣不一,但多数孩子还是比较喜欢像自然科学这种有逻辑规则的事物。

"是啊!医生,你真懂!上回你对我说小鱼应该是亚斯伯格之后,我回去上网查,突然间,他的很多行为都可以解释得通了。上次老师打电话来,跟我说小鱼在体育课的时候自行脱队,跑去学校的生态池,因为没有报告老师,最后全班出动去找他。

老师说最后发现他的时候,他蹲在生态池那里,并往里面丢垃圾。"妈妈描述着。

"他一定是有什么原因吧……"

"没错。老师气疯了,叫我好好训他。那天他下课回家时,我忍着不发脾气,好声地问他为什么要丢垃圾到生态池。结果你知道他说什么吗?"

"什么?"我猜应该还是跟科学有关。

"他说他在研究树枝、树叶的浮力,而且还兴奋地告诉我,他成功用风力让纸船在湖面上航行!"妈妈的眼神中充满怜爱。"我隔天去跟老师说,老师超傻眼的,说从来没看过这种小孩。"

我看见小鱼妈妈的转变——她从上回初诊时非常焦虑,连珠炮似的抱怨小鱼在学校的诸多问题,到这次可以很厉害地理解小鱼的行为,甚至为小鱼发声,真是令人宽慰的转变。

"看来,妈妈上次回去后真的做了很多功课,也对亚斯有一定程度的了解了呢。其实,**诊断就是给一个方向,让大家可以一起找方法来帮助小鱼,并不是要给孩子贴标签。**"

"是啊,我加入了南部亚斯家长的社团,看到很多人分享自己孩子的状况,才发现原来我并不孤单。只是老师好像完全不懂亚斯是什么,今天来拿报告也是要给老师看的,希望他可以对小鱼有多一点了解。"

我解释完评估结果后，妈妈拿着报告，牵着小鱼离开了门诊。

———⋀———

谁知好景不长，小鱼第三次回诊，又出事了。

"上课时，老师交代作业，全班同学都完成了，就他写到下课结束都还没写完，最后他一边写，一边哭。老师跟他说先收起来，他也没办法接受，就躲到桌子底下，躲了整整一堂课。"妈妈沮丧得抬不起头来。

"他没办法完成的原因是什么呢？"我问。

"因为他第一题不会写，就卡住了。我跟他讲了很多次，'总共也才四题，你就先把下面三题写完，再回来想第一题。'他就是不能接受。"妈妈从包包里拿出那份卡住的作业。

没办法跳过题目是很多亚斯孩子都有的问题。**由于独特的固执性，他们常会觉得事情一定得按照某个既定方式进行，像是从 A 点到 B 点，一定得照某个顺序走某一条路，题目一定得从第一题写到最后一题，而不能跳过某一题或是倒着写。**

"小鱼，我们试试看把不会写的题目先盖起来，好不好？"我轻轻地把作业纸折起来，刚好遮住第一题。

小鱼怀疑地看着我，想了一下，说："这样就看不到第一题了。"

"对呀，有一题空白在那边看了很不舒服，我们把它遮起来，这样就看不到了。"

小鱼虽然还是皱着眉头，不过终于开始认真读起第二题来。

"这题我会，答案是二。"他端详了好一会儿，终于吐出这几个字，我和妈妈顿时都松了一口气。

"下次如果又遇到不会的题目，可以像这样把它遮起来试试看吗？"我问。

小鱼点点头。

"妈妈，你记得先向老师解释一下为什么小鱼要折考试卷，不然如果老师不理解，误会他就糟糕了。**小鱼以后可能还会遇到各种卡住的状况，这时候就得像这样，一件一件地用他可以接受的方式说明、处理，直到他能够理解为止。**"我一边叮咛，一边解释。

"每件事都要这样吗？天啊！"妈妈差点没抱头。

"不会啦，小鱼这么聪明，**他也会自己成长，找到方法的。**"眼看妈妈快要崩溃，我连忙安慰她。

再下一回的门诊。

"医生，你上次说他会自己找到方法，结果真的欸！"妈妈眉开眼笑地告诉我。

"怎么说？"

"上星期有一天，他放学回家后对我说：'妈妈，我今天有成功跳过不会的题目喔。而且因为那个题目在中间，我用折纸的方法盖不起来，结果还好我想到可以用尺遮住它。'"

"小鱼真是太聪明了，想到这么厉害的方法！医生阿姨以后要教其他小朋友用你的方法！"我对小鱼竖起大拇指。

"而且后来我把尺子拿开，就发现那题我会了，结果我考一百分欸。"小鱼表情酷酷地说。

这次回诊无啥大事，小鱼跑去玩玩具，如释重负的小鱼妈妈和我轻松聊着他们全家去旅行的事。

"所以你们上个周末住外面？"我问妈妈。

"医生阿姨，我们没有住外面。"正在组装积木的小鱼突然回过头，一本正经地跟我说。

"啊？可是妈妈说你们去台中欸，没有住外面吗？难道是当天来回？"我满头问号。

"我们去台中住在饭店，没有住外面啊！那天下雨欸，如果住外面不就淋湿了？"小鱼理直气壮地说。

原来啊！**孤独症谱系障碍的孩子常常只听得懂字面的意思**，如"临时抱佛脚"，就以为是真的要去庙里抱佛像的脚。所以小鱼认为"住外面"就是"住"在房子"外面"的意思。

我和小鱼妈顿时脸上三条线,我们互看一眼,然后哈哈大笑起来,小鱼妈笑到眼睛都流眼泪了。

"妈妈,为什么你眼睛会流出液体?"小鱼冲过来,盯着妈妈的眼睛,仔细地观察并提问。

看来,和亚斯脑奋战的路还长着呢。

你可能以为……

"孩子是故意特立独行,孩子气地反抗。"

"生而为人，我很抱歉"

——两年来没有对我说过一个字的女孩，
写下了她满满的悲伤与无助

选择性缄默症的孩子在儿心科医生诊室或许不是最多的，但偶尔仍会散见几位。

对他们来说，保持缄默不是一种权利，更不是一种选择，而是想开口表达却没有办法。

老实说，默妍前几次来到我的诊室时，我还真摸不着头绪。当时她已经高一，打扮整齐清洁，一头黑直发乌溜溜的，看上去是一个简约文青风的少女。然而，她打从进诊室就不发一语，只低着头看地板。

"医生，我们家默妍已经看过很多医生了，也去做过心理咨询，但是才一次就放弃了，因为心理师说她都不讲话，这样没办法做咨询。"默妍妈妈倒是说话流畅。

"她是从几岁开始不说话的？"

"她从小就话少，老师也常常说上课一叫她起来示范，她就会停住不动。但是我们默妍明明考试都会写，她头脑其实很聪明的。久而久之，老师也不再强迫她，她也就这样顺利地念完小学、初中——"

"等等，那她在家里会讲话吗？"我觉得这样问，对于就坐在我面前的默妍好像有点失礼，但是这是重要的鉴别诊断问题，不得不问。

爸爸和妈妈都笑出声来，异口同声地说：

"拜托，她在家话可多了。"

"不要说在家了，刚刚在外面候诊的时候，她还一直和我们聊天呢。"

默妍依然面无表情地看着地面，一动也不动的她，简直像尊雕像。

———〰———

"Frozen"，教科书上是这样描述选择性缄默的孩子的。他们之所以无法开口讲话，是因为强大的社交焦虑感，因此在面对不熟悉的环境和人时，他们会像"急冻"一样，一动也不动。不仅无法开口讲话，连要他们动一根手指头都可能极为困难。

但是，他们往往在家里都是可以说话的，与熟悉的家人、朋友互动也都没问题。也因为这样，这些缄默症的孩子，常常在亲朋好友面前被骂没礼貌，甚至被说没家教，因为他们明明会讲话，却不会开口打招呼、和大人寒暄，当然也不若大方的孩子讨喜。

其实，缄默症的孩子们心里大都清楚自己在这个场合应该做什么事、说什么话，偏偏身体就是动不了，**当眼前的陌生对象越是把注意力放在他身上，他的心跳只会越来越快，手心微微发湿。在他们"冷冻"的外表下，心里正如火山爆发般熔岩窜流，焦虑难抑，只想赶快逃离这个恐怖的环境。**

——〰——

虽然心里大致认为默妍应该是缄默症的孩子，但是我实在也无法确定，毕竟我没看过年纪这么大的缄默症个案。要知道，不管是精神科医生或儿心科医生，"会谈"是我们唯一的诊断工具，而此刻我无法从眼前这名少女口中得到任何信息，这也让我不得不继续从其他方面来推敲可能的诊断。

不喜与人社交，固执性又这么高，孤独症谱系障碍也需要考虑。

在她这个年纪，一些早发的忧郁、强迫症，甚至精神分裂症（不知道是不是有幻听叫她不能和我说话？），也都必须考虑。

于是，我详细地向爸妈问清楚默妍在家的状况，还有她过去的成长史，并且发了问卷给她学校的老师。然后又帮她安排了一场心理评估，注明个案可能不说话，可尽量以投射测验或自填问卷的方式来了解个案的状态。

在整个看诊过程中，我努力避免自己对默妍有过多的社交要求，尽量避免直接问她问题，不直视她太久，怕造成她的不舒服。只在最后对她说："如果你有什么想跟我说，但是说不出来的，下次回来之前可以告诉爸妈，或者写字条、打字都可以。"

我看到她很轻微、很轻微地点了一下头，幅度小到我都以为是不是自己眼花了。

———⋀———

在后来几次的回诊中，我从爸妈的报告、学校的信息中得知，默妍由于这样的个性，从小其实就过得不太开心，得比别人花更多时间适应新的班级、新的学校。也或许是因为在人际上不顺利，默妍很在意自己的成绩，自我要求高，成绩大概都排在班上的前三名。

而升上高一之后，默妍过得更惨了。同学们很快发现了她的特别之处，常常捉弄她，叫她"哑巴"或"神经病"。加上第一次段考成绩出来后，默妍发现自己的成绩只排在班上中间，于是她整个崩溃了,每天以泪洗面,不愿意再去上学。

负责心理评估的心理师努力地为默妍做了测验。虽然在测验过程中,还是可以明显看出默妍的焦虑,不过我们专业的心理师观察到尽管她的作答速度十分缓慢,正确率却很高,是个慢工出细活的孩子。然而,在与忧郁、焦虑相关的问题上,默妍的分数都高得吓人。

回诊看报告的那天,向默妍和爸妈解释完心理师的观察之后,我瞥见一动不动的默妍的脸颊滑落两滴泪水,静静地,泪也如其人。

然后,奇迹似的,默妍对我递出了她的手机。

屏幕上密密麻麻的,都是她打出来的字:

医生,每次都麻烦你真的很不好意思。我自己也不想这样,每天早上起床想到要上学都觉得好痛苦,觉得为什么我要活在这个世界上,给大家添麻烦。我会在房间一直哭一直哭,睡着了也在做噩梦。梦里都是同学对我的嘲笑、老师对我的责骂,他们说我是哑巴、怪胎,不想跟我一组,故意把饮料泼在我的桌子上,我连回嘴的力气都没有,然后再哭着醒来。我真的不想再去学校了……我最近在看太宰治的《生而为人,我很抱歉》,我想我就是像那样吧。谢谢医生把这段话看完,谢谢。

我看完之后，觉得说不出的激动和难受。激动是因为半年过去了，我终于"听见"她的声音；难受则是因为感受到她满满的悲伤与无助。

默妍后来申请在家自学。自律甚严的她早早便安排了读书进度，照表操课。妈妈说不去学校之后，她的情绪状况似乎好转了。当然，合并忧郁症的药物治疗或许也帮了一些忙。

他们持续回诊着。有几次我在看诊中去上厕所，在诊室外面，看见和爸妈有说有笑的默妍，我也不去打扰。

而她在诊室依然沉默是金。

———⋏———

到了高二下，当高三学长学姐的学测①放榜后，默妍又开始焦虑起来。她告诉妈妈，数学有好多地方她都看不懂，但爸妈没办法教她，而她又不敢去补习班。

妈妈在门诊告诉我这个状况，我也只能帮着出主意：如果没办法面对面，可以请线上家教吗？看看有没有线上已经录制好的补习班课程可以来帮忙？

---

① 学测，"大学入学学科能力测验"的简称，是台湾地区的大学入学方案中三大考试之一（另两种为四技二专统一入学测验、大学入学指定科目考试），由"大学入学考试中心（大考中心）"负责统筹举办。

然而下次回诊时，妈妈却告诉我，他们找到家教了。

"哇，她可以接受面对面的家教了吗？"我很惊讶。

"嗯，我们也很惊讶呢。第一次上课那天，默妍自己写好了一张字条给老师，说她因为某些原因，无法开口讲话，希望老师可以专注教学就好，不要开口问她问题。如果她有问题，会用写的方式提出。"妈妈分享。

"所以其实她有进步了，不但克服了焦虑，还预先想到了解决问题的办法。"我回馈。

"对啊，真的是有进步欸。这次的家教老师也不错，都可以配合我们提出的这些需求。有的老师可能根本不想教我们这种……吧。"

"其实默妍是个很努力的孩子，老师之后也会感受到的。你看她这两年，每次门诊虽然辛苦，但是她都有来呢。"眼看妈妈又陷入某种情绪，我赶紧打断，也说出我两年来感觉到的。

后来，我们讨论着默妍想念法律系（虽然都还是我和爸爸、妈妈在聊），说着如果真的没办法面试，那就只能全力准备指考，等等，就这样结束了那次门诊。

―――∧―――

两年的看诊，我还是没听到默妍说出任何一个字。这对于平常总是听人说个不停、自己也说个不停的精神科医生来说，真是前所未有的体验。

　　妈妈说默妍曾告诉她，她还蛮喜欢我的，因为我都不会逼她讲话。

　　我恍然，原来治疗关系的建立，可以有这么多种不同形式。**或许看似没说出口的，其实行为已经说了；而没被耳朵听见的，只要心里理解就够了。**

"我的孩子不可能是孤独症!"

——幼儿园的毕业舞台剧,老师排除万难让孩子上台,演一棵苹果树

小班的蓝翼是个小帅哥,嘴唇红润,一双大大的电眼无辜地望向远方,虽然不知道他的焦点落在哪里,但只要被他迷蒙的眼神扫到,我们这些老阿姨心都要融化了。

但其实我们知道,蓝翼没在看我们,他眼神注视的,几乎都是交通工具。**三岁还没有口语表达能力**的他,会在爸爸开车带全家出去时,对着路上的名牌车激动地发出"啊啊啊"的声音。

"他特别有反应的都是很厉害的车,像玛莎拉蒂啦,法拉利啦。上次他叫得特别大声,我们一回头,是兰博基尼。"

蓝翼妈妈是很有气质的美术老师,爸爸也高高帅帅的,每次穿上西装来门诊都格外出众,蓝翼的高颜值完全其来有自[①]。

然而,这么一个完美的家庭,也让蓝翼妈妈一开始根本不能接受孩子的状况。

[①] 其来有自,指事情的发生、发展有其来由,并非偶然。出自《孔子家语·冠颂》。

"其实我从他一岁多就觉得怪怪的了,我很努力放各种音乐给他听,想教他哼唱儿歌,结果他完全没反应。接着在他两岁时,我想教他叫'爸爸''妈妈',他死都不开口。到后来,我一叫他过来认图卡,他就飞也似的跑走,很怕我虐待他似的。"

妈妈无奈地一直说着,而蓝翼在诊室角落静静地转着玩具车轮子,事不关己似的。

"他每天就埋在汽车杂志里,每一页都很认真地看。每当电视上有汽车广告时,他就目不转睛,可是除了车子以外,他什么都不看。我教他画画,他怎么画都只有汽车,还画得很像。"

"我上网查过了,他这样是不是有点像孤独症?可是我们家根本没有这种基因,他怎么可能是孤独症?医生,依你的专业判断,他到底是不是?"妈妈急切地问着我,脸上的表情就像聆听宣判的犯人,而我是那个无情的法官。

高社经地位[①]的家长因为信息获取方便,通常都自己做过功课,但我的经验告诉我,**做过功课与情绪上可以接受,是两回事**。

[①] 高社经地位,指拥有较高的社会经济地位。

"从这次的评估报告来看,目前确定蓝翼的语言与认知发展都比较慢,所以他是肯定要做早疗的了。"

我先从家长通常比较容易接受的点切入,但该说的还是得说。

"但蓝翼**眼神不看人,不停重复地排列车子,特别喜欢车子的品牌,又对声音特别敏感**。以现阶段看来,他确实有孤独症特质噢。"

妈妈仿佛一只被打碎的玻璃鱼缸,眼泪迅速地倾泻出来。我从手边抽出纸巾递给她,妈妈只是垂泪,并不接过纸巾,最后我只好把纸巾放到旁边一脸错愕的爸爸手中。

"那……医生,他之后会讲话吗?"爸爸的第一个问题。

"看复健的情况。蓝翼现在才三岁,他的潜力还很无限,你们一定要相信他会进步,赶快积极接受早疗。"

坦白说,蓝翼报告上的各项能力数值并不好看,三岁了,完全没有口语表达能力也不是很妙的状况,之后也没有口语能力的可能性是蛮高的。

"不可能,我的孩子不可能是孤独症!"妈妈霍地站起来,走到诊室角落抢走蓝翼手上的玩具车,然后一把抱起他,"你不要再转轮子了!以后再也不准玩车车!"

蓝翼在妈妈身上不舒服地扭动,一直想挣脱。爸爸也出面缓颊[①]："你不要这样……"

"不然你告诉我孩子为什么会这样？不过就是喜欢玩车吗？这样就是孤独症吗？那以后我都不让他玩车不就好了？！"妈妈对爸爸大吼。

诊室的气氛降到冰点，只剩孩子发出"啊啊"想挣脱的声音。接着妈妈仿佛突然发现自己的失态，把蓝翼放回地板上，然后无地自容似的冲出了诊室。

蓝翼又回到玩具车堆里，爸爸一直为妈妈的行为向我道歉，我也只能安慰他："没关系，一开始都会很难接受，不过重要的是，之后的早疗一定要赶快做。其实以现在的情况，不管他有没有孤独症特质，早疗都是一定得做的。"

目送爸爸和蓝翼离开诊室时，我心里充满浓浓的担忧，很怕不能接受这项诊断的家长会因此延误了早疗的时机。

每当这种时刻，我都会反思：是不是干脆不要说出孤独症的诊断，让他们直接去早疗就好？

但以我的立场，实在不能这样做。没有正确的诊断，后续的疗育又要怎么精准、有效呢？

[①] 缓颊，意为为人求情或婉言劝解。

带着这些无解的思考，过了几个月，当蓝翼再次出现在诊室名单上时，我心里好奇这次是谁带他来。

"我听说你们这有团体课可以上，想说带蓝翼来报名。"一身轻装的妈妈劈头就说出了她的诉求。

"噢噢，没问题，我帮你排进去。那现在蓝翼有在上其他的课程吗？"

其实所谓的"团体课"就是孤独症的社交训练课程。但有了上次的经验，我也不敢说出关键字，既然妈妈愿意来，我已经觉得非常感动了。

"他现在的幼儿园有每周一次的巡辅老师[①]，然后我会带他去上感统和语言，还有幼儿律动课。虽然他还是有点失控，不过老师们都说他有慢慢上轨道。"

蓝翼本就是温驯的孩子，虽然活在自己的世界里，不过我相信他在班上不会造成老师太大的困扰。正好我们医院承接了"卫福部"的一个外展计划，可以允许我们到学校去看孩子，我也询问妈妈有没有这个需求。

"一般幼儿园老师可能带这些孩子的经验比较少，看老师有什么问题，到时候可以问。"我解释。

[①] 巡辅老师，主要是提供相关特教专业建议及教学咨询的老师，以帮助特殊儿童接受适合其需求的特殊教育。

妈妈答应了,只是仍要我别对老师提起蓝翼的孤独症。

于是,我开启了每学期都会到学校关照一下蓝翼的模式,也因此认识了蓝翼的幼儿园导师Amy,Amy老师是一位很认真、能干的女性,纵使一班三十个人,她还是可以把班级管理得服服帖帖,然后拨出时间来,一对一地教导蓝翼。

"我会这样带他看动物的书。他现在认得猫头鹰和长颈鹿,会发出一些很相似的声音,但是要比较熟的人才听得懂。"Amy老师拿图卡书给我看。

"如果他对这两种动物比较感兴趣,也可以用这个动物园的图片让他找,训练他的视觉搜寻能力,或者用这两个动物让他练习数一二三。"我给了建议。

对于孤独症的孩子的教学,常常必须倚重孩子现在特别感兴趣的事物,才能诱发他们学习其他事物的兴趣。

心理师也向我回报蓝翼母子在团体中的状况。

他们说,妈妈一开始很有偶像包袱,很难放下身段与孩子玩在一起,但看得出她非常努力,回家功课也都认真完成了。到了后期,蓝翼和妈妈的互动增加了许多,发出声音的次数也变多了。

"不过,与他同团体的孩子能力都比较好,你可能在门诊要安慰一下妈妈,我怕她会觉得很失落。"心理师好意提醒我。

就这样时有进步的惊喜，也时有停滞的失落。慢慢地，蓝翼升上大班，终于要毕业了。我到学校去看蓝翼班上的毕业舞台剧练习。

他演一棵苹果树。

虽然没有台词，但经过了许多次的练习，蓝翼终于记得自己在台上不能动，两只手举得高高的，还有什么时间要从舞台左边走到右边，什么时候要把手上的苹果丢到地上，等等。

"虽然练习得快疯了，但是我想让蓝翼上台，他也是我们班的重要学生呀。"Amy 老师告诉我。

"谢谢你这三年这么照顾我们蓝翼，他真的进步很多。"我发自内心地对 Amy 老师说。

经过这三年密集的早疗，妈妈带着上团体课，老师的细心教导，蓝翼到了毕业时，已经可以讲些简单的句子，也可以稍微配合班上的指令了。

毕业典礼后，妈妈在门诊和我分享了大概有一百张"蓝翼苹果树"的照片。

"他真的有在听到'苹果要掉下来了'的时候，把苹果丢到地上欸！是不是很厉害！"妈妈兴奋地告诉我，我也充满感动地点点头。

上小学后，孩子长大的速度飞快，一转眼，蓝翼已经二年级了。

　　蓝翼的爸妈越来越能看见孩子的优点，也不避讳与其他家长分享他们一路疗育的过程，给其他家长们打气。他们最近常常带蓝翼出游，因为发现旅行可以让蓝翼进步得更快。

　　"上次从冲绳回来，他就突然会说'鲸鲨'这个词了喔！"妈妈分享。

　　而我们原本以为可能要读特教班的蓝翼更是让人惊喜连连，现在竟然连造词、造句都难不倒他。

　　"而且他现在越来越有创意了。那天老师出了一道组词题，'水泥'的'泥'，医生，你猜他组了什么词？"妈妈现在回来门诊，已经像是回来探亲似的熟悉。

　　"什么？"

　　"他造：'蓝宝坚泥'[①]！"

　　我们全部哄堂大笑，这小子，还是不改他的本色呢。

[①] 兰博基尼在台湾地区被译作"蓝宝坚尼"。

"我从小数学就用背的"

——一直到上了大学,她才发现,自己念数学的方法好像和别人不一样

"我从小数学就用背的。"眼前这个女生笑着告诉瞠目结舌的我。

"什么叫作'用背的'?"

"我连简单的计算都没办法。像'8+5=13',我就是直接记在脑袋里,或者拆成自己有背过的,比如先'5=2+3',然后再'8+2+3'这种方法。如果数字太大,我就会记不起来。假如真的用笔算就得花上很多时间,常常还会算错。

"我妈在我很小的时候,就送我去学公文数学①。公文数学就是不断地重复计算,我就从这当中背下了所有的题目,所以只要学校出到我背过的题目,我就会写。我小学的时候还觉得自己数学很好呢!因为我很会背,像九九乘法那种东西根本难不倒我。"

---

① 公文数学是一种数学训练模式,简单来说就是用大量的题目"轰炸"学生,从而提高学生的解题效率。

"那后来呢？"

"初中之后，要背的题型越来越多，我因为想要考好，所以就买了大量的参考书回家练习。但是随着题目越来越难，看不懂的题目越来越多，后来遇到没看过的题目，我就先直接翻详解，然后再把解法背下来，这样下次遇到时，我就会算了。所以我每次成绩的落差都很大。如果这次的数学题目都有背过，我就可以考我们班第一名。假如很不幸都没有，我就可能掉到第十名。"

"那你怎么知道什么题目要用什么公式？然后这个公式里的哪个变数要用哪个数字套？"我忍不住疑问。

"我不知道啊！上了高中之后，题型实在太多变了，还好那时候的考试都是选择题。我每次都是等试卷一发下来，就把脑袋里所有的公式写在考卷的一小角，然后从第一个题开始套。有时候题目可以告诉我一些提示，但有的真的看不懂，我就会把所有数字都套进去算算看，看我算出来的答案中，哪个在选项里，那个可能就是答案。"

我震惊极了。"也太辛苦了吧！这样要花多少时间啊！"

眼前这个笑靥如花的女生，并不是我门诊的孩子，而是我同事。她常常接受我从门诊转介的孩子做注意力团体训练。因为很用心对待每个孩子,每次团体结束后,她总是提供给我很多有用的信息,像孩子在团体中的表现啦,家长的反应啦,等等。

想不到一路就读重点高中的她,在学习路上,竟然有这么辛苦的一面。

——〰——

"初中的时候,其实我也很挫败啊!明明其他科,我都可以念得很好,为什么唯独数学,我就是会输给班上的同学。我都觉得那是因为我很笨,因为大家都说数学好的人才是真的聪明。

"到高中就更不行了,除了数学以外,物理、化学,我也都遇到同样的窘境。我只能去补习,因为补习班老师会把题目整理得很清楚,哪些会考,哪些不会考,我可以照着背就好。"她无辜地搔搔头,仿佛"数学用背的"是天经地义。

"可是,你那时候为什么不选社会组[①]?"我提出疑问。

"可能……一方面也是社会期待吧,大家都说念理组比较有出路啊。而且我高中时就知道,我对理组的大学专业比较有兴趣。其实那时我也很怕考不好,所以大学指考,我理组的数甲和文组的数乙都有考,结果超离谱的。理论上是数乙比较简单,

---

① 社会组,即文组,相当于大陆的文科。

但因为我考试前都在背数甲的题目，最后我数甲考了七十几分，数乙只有三十几。"她理直气壮地说。

"什么？你数甲考得比数乙还高？"我差点把嘴巴里的水喷出来。

"因为题目有背过就有差啊！对我来说，数学从来不是题目难和简单的问题，是有没有背过、背下来的问题。"

听到这离谱的分数，我算是真的信了，原来真的有人数学是用背的。

"那你的记忆力要很好欸，那么多东西要背。"

"所以我很辛苦啊，高中时，常常都念到半夜两三点，因为要背的东西太多。而且那时候，我不知道自己这样有什么奇怪的。是一直到上了大学，和同学有比较多的时间讨论，才突然发现自己念数学的方法好像和别人不一样。"

"你这个就是学习障碍中的一种啊！数学学习障碍很少见欸！"我忍不住职业病上身，"可是你适应得太好了，就算向学校提报特殊生，大概也不会通过，毕竟你靠用背的，数学还可以考七十几分。"

"学校可以给什么资源，我是不知道啦。重点是，我上了大学以后，跟我妈说这个状况，她好像很自责，觉得自己怎么没有早点发现，不然就可以帮助我之类的。"

"但是除了特教资源以外,学习障碍好像也没有什么办法治疗,大部分也是靠重复的练习。"好像和她自己想出来的方法也差不多。

———〤———

我想起在我门诊中的学习障碍孩子,"阅读"和"书写"障碍比较常见。

他们有些人很聪明,说得都头头是道,但写字就是会左右颠倒,b 写成 d,汉字的部首错位,同样发音的字总是会混淆。有些更夸张的,只是要把字写进试卷的格子里,都得花去比一般人多数十倍以上的时间。

阅读障碍的孩子也很多,他们常说字在跳舞、在飞,他们得非常费力地去推理那些字究竟是什么。

针对这群孩子,目前在医学上仍没有找出确切病因,亦无法根治。儿心科医生只能开出诊断证明书,让孩子们在学校可以得到特教的帮助。

有些阅读障碍的孩子,在学校的考试改成由老师帮忙读题后,成绩就有了大幅度跃进,证明他们的脑袋确实是聪明的。这些孩子们纷纷带进步的考试卷来门诊与我分享,颇有扬眉吐气之感。

书写障碍的孩子,有些学校愿意给他们延长考试时间,让他们可以有更多时间书写和检查。甚至我常常觉得考作文时，如果让他们用打字的方式来写文章，应该会更真实地反映他们的能力。

——〰——

"假如让你选，你会希望自己没有数学的困难吗？"我忍不住问眼前的同事，心里有些自以为是的心疼，心疼她一路的辛苦。

她思考良久，才回答："当然也不是没想过。如果我不是这样，说不定成绩会更好，现在会做不一样的工作之类的。搞不好我也和你一样是医生喔，哈哈哈。"

她瞥了我一眼，接着说下去。

"但可能因为我对现在的生活很满意吧，所以倒也不觉得一定要去除这个困难。相反地，这好像逼我更努力，如果没有这个问题，我可能不会这么拼。**我觉得我很清楚地知道身边的人很爱我、很想帮助我，像我妈妈，只是我们当时都不明白这是怎么回事。所以我并不怪她，我知道她就是爱我的。**"

眼前的同事肯定地说出这些话，散发着一种阳光般的温暖。

是的，我们努力针对每种疾病寻找治疗的方法，但人的能力有限，还是有许多状况不是医疗或教育可以帮忙的。

　　其实**最重要也最容易被忽略的是：让孩子足够相信，无论自己长成什么样子，都是值得被爱着的呀。**

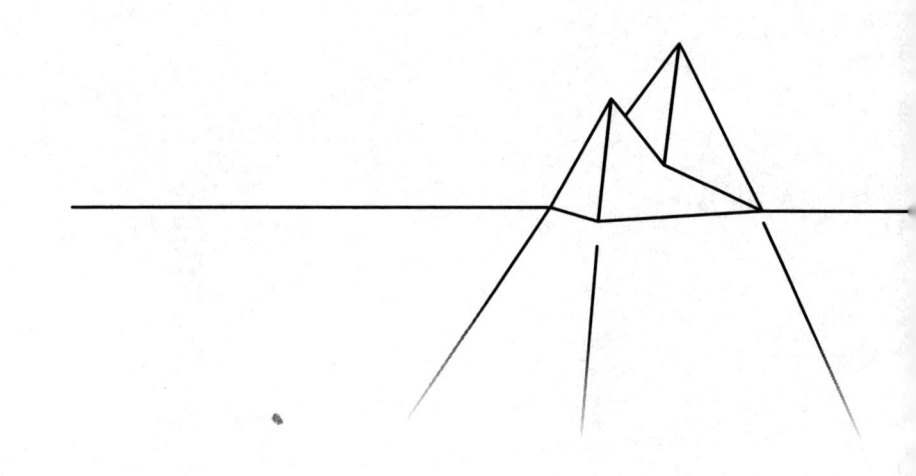

出现在儿心科门诊的孩子,

只是冰山一角……

有很多需要儿心科帮助的孩子，因着各种因素，无法来到诊室。可能因为这个科室令人感到陌生而却步，可能是大家并不知道我们可以帮上孩子什么忙，可能因为门诊很难挂、停车很难停，可能因着更多我无法去猜想的原因……

总之，会出现在儿心科门诊的孩子，应该只是冰山一角。

幸好，"卫福部心口司"[①]注意到这些不在医院的孩子们，从2015年起推动了"心智障碍者精神医疗服务品质改善计划"，由我所服务的医院承接执行。

这念来饶舌的计划内涵是希望儿心科医生、临床心理师和个案管理师走出诊室，走出熟悉的白塔，与其他社区的早疗机构、小学，甚至初中合作，走入这些心智障碍孩子们所在的机构或学校，甚至他们位于深山中、田中央或老式三合院的家，直接到这些地方看看可能有情绪行为状况的孩子们，给予孩子、老师或家长适当的建议。

由于场域不是在医院，家长们对儿心科医生的接受度似乎也高了许多。

从成为儿心科医生的第一年开始，初出茅庐的我就接下了这

[①] "卫福部心口司"，"台湾地区卫生福利部心理及口腔健康司"的简称，主要掌管与心理健康和口腔健康相关的九大事项的机构。

项计划的负责人的重任。从此，我眼前的风景除了熟悉到不行的医院门诊、病房，还有一间间在山野、乡间的小学校，甚至海边的早疗复健机构。

几年来，只要云嘉南地区①的机构或学校有需求，我和团队便会驱车前往当地看孩子。直接在他们生活的地方见面，看见的孩子们大多是一副活泼自在、"这是我的地盘"的样子，与在医院看诊时的孩子总是怯生生的样子，形成鲜明的对比。

---

① 云嘉南地区，指台湾地区西南部偏西北濒台湾海峡的区域，由云林县、嘉义市、嘉义县及台南市所构成。

"有人陪我玩，我好开心"

——这个五岁男孩，从出生以来，就没有被大人好好注意过

海线[①]的早疗发展中心，就设在这个海边的村落里。

我们沿着滨海快速道路[②]行驶，下了立交桥后，迎接我们的是堆放在鱼塭[③]边的泥土地上一摞一摞如山的白色蚵壳[④]。空气中满满都是海的味道，正午的阳光毫无保留地洒在几乎要干裂的土地上，柏油路几乎都要被蒸发。

我们在早疗中心的附近停好车，缓缓走近目的地时，附近的居民们都好奇地探出头来看我们，几乎清一色都是穿着背心、拖鞋的长辈们。

孩子们的声音从纱门里传出，这栋两层楼的建筑，就是海线发育迟缓孩子们的希望灯塔。

---

① 海线，指"海线地区"，即台湾的沿海地区，与"山线地区"相对。
② 快速道路，是台湾地区服务品质介于高速公路与一般公路之间的汽车、大型机车专用道路，一般简称"快速道"。
③ 鱼塭，是在沿海地带掘土作池、引水养鱼的水产养殖场，边缘设有堤防和闸门，原理是利用海水潮汐来获得养殖所需的海水以及鱼苗、虾苗、蟹苗。
④ 蚵壳，即海蛎壳。

早疗组长是个爽朗的大妈，她热情地向我们介绍孩子们的近况。

"今天要你们看的是青宪，他五岁了，其实没什么大问题，就是学得有点慢，上课时常常放空，东西好像都进不去他的脑袋里。不过他很乖、很贴心，常常都还会帮忙比他小的。"

这里主要的教室是一间大约十几坪[1]大的房间，地上铺着绿色巧拼地垫，上大堂课时，所有大、小孩子们都会在这间教室上课。因此在同一班里，可以看到才两岁的幼儿，也可以看到像青宪这样五岁、即将入小学的小哥哥。障碍类别也是五花八门，有瘫在轮椅上、无法动弹的脑性麻痹孩子，行动自如、纵横全场的多动孩子，也有仿佛行星自转般、上课就自顾自地在班上游走的孤独症孩子。

青宪真的很乖，刚开始上课的时候，他很认真地盯着老师。

这堂课是根据孩子的能力，用许多乐器让所有孩子们练习合奏一首歌，听说是母亲节要表演给家长们的。

年纪大、能力好的孩子，通常会分配到锣、鼓或铃鼓这类需要较多节奏感的乐器；而年纪较小或是配合度不佳的孩子，大

---

[1] 坪，土地或房屋面积单位，1坪约合3.3平方米（用于台湾地区）。

概就会被分配沙铃、手摇铃这类声音较为随性的乐器。

青宪分配到的是小鼓，有一支小小的鼓棒，配合着音乐，**"世上只有妈妈好，有妈的孩子像块宝"**，音乐播到"好"和"宝"的时候，他就得敲一下。

青宪看上去很认真地听了指令，接着老师播放音乐，他试图跟上节拍。但每一个节奏点，他总是慢一两拍，音乐都进行到下一句了，他才"咚"的一声敲他的小鼓。几次过后，他自己也发现了这个状况，虽然没有人苛责他，但他的小鼓越敲越小声，到最后几乎听不见了。

观察了一堂课后，我们把青宪带出来，进行一对一评估。

起初，他有些胆怯，但是开始玩颜色配对的游戏后，只要他配对正确，我们就给予他极大的鼓励，对他说："你做得很棒喔！"几次过后，青宪的表情就轻松下来了，露出开心的笑容，开始很投入地与我们玩认知游戏。

然而，已是大班年纪的他，却似乎连颜色和形状都还分不太清楚，时常把紫色听成橘色，三角形拿成正方形。以认知发展来说，至少有中度以上的迟缓。

在练习的过程中，只要一停下来，他就会以很快的速度进入放空模式。当我们唤"青宪"时，他才会回过神来，然后习惯性地露出一个腼腆的笑容。

结束评估后，我和心理师分别对早疗组长说明我们观察到的青宪。

我认为青宪的素质并不差，因为在一对一的时候，只要好好抓住他的注意力，一堂课的时间，他就多学会了三个颜色、四个形状。但是在大堂课，很明显地，他的注意力会更加涣散，而老师们因为忙着带领其他比他更不受控的孩子，所以很难像一对一的时候帮他掌握对课程的注意力。

"他就快上小学了，赶快带他去评估注意力，看看需不需要服药。如果专心度上升，至少在上学前可以再加强一下，这样上小学后才不会完全鸭子听雷①。"

我强调"注意力不足"对青宪的影响巨大。我甚至推测，他之所以会发育迟缓，也可能是因为注意力不足，让他学习总是事倍功半。

组长也很头痛，说："我们其实也很担心，因为他要念的是资源班，平常会与一般班级一起上课，不要说'ㄅㄆㄇ'②了，他连'1、2、3'都不是很会写。但如果让他去特教班，又觉得很可惜。"

---

① 鸭子听雷，这是闽南地区、台湾地区的一句俗语，一般都使用闽南语来表达，意思是听了也不懂。
② 汉语注音符号，台湾地区常用，这三个符号读音即汉语拼音中的"bpm"。

原本以为家长至少会带青宪去评估,我摩拳擦掌地希望可接续评估的结果,向家长说明用药的重要性。谁知下一回到了早疗中心,青宪仍是一派恍神,看见我和心理师时,又露出他的招牌腼腆笑容。

"他爸妈完全不想管啦。"组长泄气地说,"医生,你不知道吧,青宪其实还有个哥哥,然后是因为这个哥哥,才有青宪的。"

"啊?什么意思?"

"他哥哥好像在两岁的时候被诊断出有什么血癌吧,说要做骨髓移植。可是他们家没有一个人是符合的,最后他爸妈就想到,再生一个青宪来捐骨髓。"

想不到小说《姐姐的守护者》的剧情,竟然真实地上演着。

"所以青宪从小的时候就开始常常去医院做检查、抽血。好像也是因为哥哥去做追踪的时候,他才顺便被医生发现发育迟缓的。"

"可是,爸妈这么尽心照顾哥哥,怎么会连带青宪去做个注意力检查都不愿意呢?"我们十分不解。

"唉,就是差很多啊。他们对哥哥多好,我不知道,可是几乎都没在理青宪的。青宪刚来中心的时候很退缩,根本不会跟人讲话。我们用校车送他回到家时,也不会有人出来接他,都要带他走到家门口,喊好几声,才有人出来把他带进去。通常都是阿公或阿嬷,平常他们好像也不会和他玩。爸妈应该是根本不想多生青宪,只是为了哥哥才生他。可能又加上他发育迟缓,你知道在乡下地方,这种孩子就会被说是'阿达①阿达',所以爸妈把所有心力都放在哥哥身上了吧。"组长的语气有满满无奈。"有时候……怎么讲,我们乡下的说法,就是这孩子没有父母缘吧!"

教室里又传来"世上只有妈妈好,有妈的孩子像块宝……",我想到上次青宪那慢半拍的鼓棒,总是无法打在"好"和"宝"的节拍上。

"上次你们走了之后,青宪很高兴地告诉我们,有人陪他玩,他好开心。我们很少听他说过那么长的句子。"

原来这孩子的注意力不足,是因为大人给他的注意力不足啊。

虽然这次要看的孩子不是他,我们还是拨了点时间,和青宪复习上次教学的东西。他好认真地努力找出我们要的积木颜色,然后一脸期待地放到我们面前。当我们说"哇,你好棒喔!"的

---

① 阿达,闽南语,形容头脑不好使唤,相当于"白痴、笨蛋"。

时候，他笑眯了眼。

课程结束后，是早疗中心的点心时间，青宪被分配到与两个比较小的弟弟同桌。当另一个弟弟哭闹着打不开袋装饼干的时候，青宪默默地把饼干拿过来。弟弟以为他要抢饼干，哭得更大声了，只见青宪轻轻地撕开包装，然后把饼干还到那个弟弟手中。

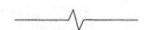

———⋀———

回程的滨海道路上，夕阳跳跃在大块大块的鱼塭上，整个天地都是温柔的金黄色。我们飞驰向南，心理师开车。

我想着青宪。

这个带着温柔和奉献出生的孩子，虽然我们很抱歉不能为他的人生带来戏剧性的转变，但希望他的温柔，会带着他去向更好、更温暖的未来。

"是不是我太常打他，这孩子才变这样？"
——教室里，他坐在孤零零的垃圾桶旁边，其他同学都离他特别远

小天是这所乡下学校里，小学三年级的学生。

虽说是乡下学校，但是学校的规模并不算迷你，每个年级大约有两三个班。这种大小的学校，孩子彼此之间都是认识的。也因为这样，小天从一二年级开始就是全校师生都认识的风云人物，而即使到三年级重新编班，他的名声也很难擦掉重来。

我的行程安排是先入班观察小天的上课情形，然后再与老师、小天的家长会谈。

抵达三年级二班时，孩子们一双双好奇的眼睛直盯着我们。

"你们是谁？"

"他们是客人啦！"

"客——人——好——"

直到老师进了教室，才安静下来。

我落座在教室后方。坐在小学生的课椅上，一双腿有些不知该伸直还是曲起，要很努力忍耐才能不动来动去。

我打量着黑板，最右边用白色粉笔写着："×年×月×日 值日生15、16"。值日生的名字旁边有个表格，红色粉笔写着："未交数习：5、9""未交造句本：5、11"……

密密麻麻的总共四五行，而几乎每一样缺交，5号都没有缺席。

黑板的左边，1到23号都写在上面，旁边有着"正"字记号，像是在累积加分。我看了看，15号加分最多，有三个"正"；而5号的旁边写着"2×"，虽然不确定，但可以猜得出应该是扣分的意思。

老师用眼神暗示小天就坐在我的右前方，垃圾桶旁边。很特别的是，在两两同桌的班上，他的旁边却没有同学。别说旁边没有，前面和隔壁排的同学，也和他离得特别远。

皮肤黝黑、眼睛黑亮的小天，孤零零地坐在离黑板最远的地方，仿佛是离太阳最远的冥王星，难以接收到光和热，或许离黑洞更近一些。

―――◇―――

这堂是数学课，老师拿着课本，边走边问问题。"小美比小明多得到十颗糖果，小明有七颗，那小美有几颗？小美比小明多十颗，要用加的还是减的？"

"加——的——"同学纷纷回答，小天也跟着同学应声。

"闭嘴啦，你吵死了！" 压低声音的一句，让人怀疑是不是听错了——隔壁排一位身材壮硕的男同学恶狠狠地瞪着小天，不友善地说。

老师正好在教室的前方，背对着同学们，显然没有听见，我却听得真切。小天一定也接收到了这赤裸裸的恶意，眼睛惊讶地睁大，咬着下唇，又委屈又生气的样子。但他什么都没有说，只默默闭上了嘴，再也不回答老师的任何问题。

接下来，小天望着窗外发呆，铅笔在手上晃呀晃的，"咚"的一声落到地上。老师注意到了，提高声音说："小天，你在做什么？上来解这题！"

小天畏畏缩缩地走到黑板前，拿起白色粉笔，在黑板上戳呀戳的，写了又擦，擦了又写，就是写不出正确的算式和答案。

台下的同学渐渐不耐烦起来。

"你写错了啦！哟嗬！"

"这么简单也不会。"

在一片喝倒彩中，最后老师也放弃提示，直接请小天下台，换另一个同学上来解题。小天垂着头，拖着失望的步伐走回座位。

"笨蛋。" 我又听到这么一声，让人心底发寒。

也不知小天听见了没有，整堂课他都低着头，不发一语。

不知过了多久，钟声响起，这堂漫长的数学课终于结束了。我趋前向小天的老师了解他平时的状况。

"你们也都看到了，小天上课不专心，作业老是迟交。每次希望给他一点信心，要他上台来解题，结果也不知道他是真的不会，还是都没在听，常常像今天一样，就愣在台前。"老师按着太阳穴，一副很头痛的样子。

就在这时候，我的眼角余光瞥到小天坐在位子上，没有像其他同学三五成群在一起，或是离开教室出去玩。

老师发现我在看小天，开口解释："我不准他出去玩，但这是有原因的。他每次只要一亢奋起来，就一定会有人受伤。其实现在班上同学会这样对他，也其来有自。二年级时，有一次小天在扫地时间拿扫帚把挥来挥去，结果他像叶问一样，一个打十个，足足有七八个同学的脸被扫把划伤。那些小女生的家长都要疯了，每个人都说如果留疤，要小天负责。这件事闹得很大，学校花了很多力气安抚其他家长，才让他可以继续留在学校。

"升上三年级之后，原本我希望让他的人际关系改善一点，便鼓励他多和同学玩。谁知道开学没一个礼拜，又有同学被他用躲避球打伤眼睛。

"他出手无法控制力道，事后道歉，人家也未必接受。一旦吃过他的亏，家长就会警告自己的小孩不要和他玩。最后我只好禁止他出去，至少他人在班上，我还看得到，不会出什么状况。"

"**上课不专心、忘东忘西、冲动控制不好**，他的症状很明显是注意缺陷多动障碍，之前都没有就医过吗？"我询问。

"他爸不接受，说我们给孩子贴标签。每次反映他的状况，他爸就很生气，说我们不够耐心教导他的孩子，有时还故意挂掉我们的电话，久而久之，我们也不想说了。"老师无奈地道。

"那妈妈呢？"

"妈妈是越南人，根本没办法做主。"

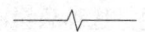

———〜———

我们边走边聊，不知不觉到了辅导室，小天的家长已经在里面等着了，辅导主任为我们彼此介绍。

天爸理着平头，看上去是个老实的做事人，虽然第一眼看起来有点凶狠的江湖味，但是在聊了几句之后，他露出了腼腆的微笑，突然有种朴实的可爱。天妈长相清秀，中文不太流利，有些口音，她凑在天爸的身侧，静静听着我们的讨论。

"医生，我不是不相信你的专业，只是我对小天的状况，有自己的看法。"听我说完上课的观察之后，天爸叹了口气说。

"之前我在越南工作时，小天也在那里读幼儿园，那时候，他和那边的小孩都相处得很好。结果回来台湾以后，同学笑他讲话有口音，还笑他妈妈是越南的。小孩子被笑一定会生气，就会想要反击，他一二年级时就常常对人家动手……我们也不是没去道歉，那个说要告我们的女生，我还带小天拿着礼物去她家，结果她爸妈连门都不让我们进去，说什么他们的女儿只要看到我们小天就会害怕。这种家长，连我看到都火大。"天爸越讲越气愤。

"难怪小天现在的人际关系会这样。"听起来，真是各方面都对小天很不利。

"小天说他在学校都没朋友，我去超市买那种大袋的饼干，要他带去分给同学吃。结果咧，饼干吃完了，朋友还是一个都没有。我后来就跟小天说，这种只会吃你饼干的朋友，不是真心的朋友！"爸爸感到挫败，同时也十分生气。

"爸爸，我知道小天的人际问题让你觉得很挫败，那他的学习和功课有没有让你担心的地方呢？"我问。

"他真的不会读书啦，每次功课都写不完，从安亲班[①]回家以后，还要我盯着他写。他妈妈又没办法教他。我下班都很晚，看他满篇错字，有时真的忍不住会修理他……是不是我太常打

---

① 安亲班，大致相当于大陆的托管班。为了协助父母照顾与教导学龄儿童，不致因父母亲工作等因素而疏于辅导学童，安亲班应运而生，着重于让小学生放学后有一个优良的环境，开展家庭作业写作和课业辅导、团康体能活动、生活照顾、亲子关系、才艺教学的有效规划，让父母亲可以安心工作，儿童可以健康快乐地成长。

他，他才会变这样？"爸爸满脸懊悔。

"爸爸，其实你和小天都不想这样。他不想一直拖功课，让你生气；你也不想下班了还要盯他做功课，最后还得修理他。"这几乎是所有注意缺陷多动障碍孩子父母共同的心声。

闻言，爸爸眼睛泛着泪花。"其实我也知道他可能需要看医生，可是我真的好怕带他去看医生，就好像他真的有病，又要被贴一个标签，以后人生会不会完蛋了……"

新住民妈妈、越南口音、上课不乖、会打人，**爸爸拼了命想撕掉小天身上的标签，标签却越来越多，让这对父子越来越疲惫，也越来越想放弃。**

"其实你很想帮小天，只是你一直都是用自己的方法。试这么久了，这次要不要换一条路走走看？"我建议。

小天开始服药之后，我请他回诊时带联络簿过来。

"医生阿姨，联络簿给你！"
"哇！你很棒欸，有记得我要你带联络簿欸！"
小天露出洁白的牙齿笑了。
我翻着联络簿——小天的字变整齐了，作业缺交的情形明显变少，老师也不再常常在联络簿上留满篇红字。这次月考，他甚至拿了进步奖。

天爸摸着自己的平头，说："最近他的功课都很快写完，所以我们周末也可以出去玩了。小天，我们上礼拜去了哪里？"

"露营！"小天兴奋地分享着搭帐篷的过程、营地旁边的小溪里面有鱼，等等。

"虽然他现在在班上还是没有好朋友，不过一起去露营的孩子倒是可以玩在一起了。现在小天每天都很期待下次露营。"爸爸欣慰地表示。

我合上联络簿，看见封面写着"5号"。我想象着，现在黑板上的5号，应该有很多"正"字了吧。

你可能以为……

"我的孩子，当然我最了解。"

"我希望变得更聪明，
以后赚大钱，盖一间大房子"

——作业缺交、冲突受伤……
几乎每两三天，他的联络簿上就会有红字

又到枊果成熟的季节了，一边吃着香甜多汁的枊果，一边不自觉想起那些偏乡的孩子来。

那所偏乡的幼儿园之所以和我们搭上线，是因为园长参加了某次我在学校以"儿童、青少年常见的心理问题"为主题做的演讲。我在台上口沫横飞地讲了两个小时，之后很快便接到园长的来信。

谢医生，你好：

我是××幼儿园的园长。我们幼儿园位在偏远的楠西乡，园方一向很支持特教的孩子，但每次好不容易劝说家长带孩子去医院评估，都因为路途遥远而不了了之。今天听了您的演讲，让我又重燃希望，希望我们可以通过有计划的合作，帮助更多孩子。

说真的，收到这封信时，我心中十分惊讶又感动。楠西乡位于旧台南县，与比较广为人知的玉井乡毗邻，是"内政部"[①]所列全台偏远地区之一。这样一个地方，竟然有人对儿少心理健康如此重视，真的很激励我们。

园长甚至已经统计了他们园内可能需要我们协助的孩子和年龄层。虽然是幼儿园，但因也附设安亲班，所以孩子的年纪从幼儿园到高中都有。

我们经过讨论之后，开始进行合作。园长先将愿意就医的个案转到门诊来，而对于就医还有疑虑的家长，便由我们团队赴幼儿园进行观察，同时对家长进行说明释疑。

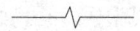

―――――∧―――――

这一次驱车前往楠西，我和个案管理师奔驰在东西向快速道路上，眼前突然出现一个圆形障碍物，我吓了一大跳，立刻变换车道，幸好险险闪过。

"那是一颗凤梨！"个案管理师惊呼出声。我们面面相觑，知道自己即将抵达很不一样的地方。

这里群山环绕，天气好得出奇，清澈的蓝天和洁白的云朵，

[①] "内政部"，台湾地区内部事务主管部门。其业务范围相当广泛，涵括人口、户政、地政、地制、役政、社会治安（警政）、宗教、殡葬、礼俗祭仪、人民团体管理、灾害防救（含消防）、公园管理、土地规划等。

远方传来孩子嬉笑的声音。我们停好车后，往幼儿园信步走去。

——∧——

阿汉是一个小学四年级的男生，眼神十分灵动，玩起战斗陀螺非常厉害，所有孩子都围着他，俨然是安亲班的孩子王。但是园长表示，阿汉在学校不太受欢迎，因为下课时和同学玩陀螺，他输了就大发脾气，若讲不赢对方，他还会动手抢别人的陀螺，然后摔在地上。

"陀螺坏了，对方的爸妈当然就找阿汉赔，但是他们家没什么钱，阿汉回家后根本也不敢说，就自己偷偷去拿同学放在书包里的钱，再买陀螺还同学。他妈妈是越南人，爸爸在高雄的工地做工，常常一两个礼拜才回来一次。类似的事情，从阿汉念一年级时就一直断断续续地发生，反正没有一个学期没事的。"

园长伤透脑筋。

阿汉在安亲班看起来倒是比较安分，或许是因为园长亦师亦母地带着他。

"有好几次他在学校出了事，老师打电话给妈妈，但妈妈真的不知道怎么处理，托我一起去。我带着阿汉去向同学道歉，然后借他钱买陀螺还给同学，等爸爸回来，再一起带着阿汉来还钱。他爸爸是个老实人，但是对这方面完全不了解，也不觉得阿汉有什么状况,一直说他小时候都没这些问题。其实阿汉在我们这里读幼儿园的时候,我就特别注意他了。他非常好动,根本静不下来。可是他很厉害,就算坐不住,还是可以学会所有的注音符号,很聪明。"

园长聊起园里的孩子们,每一个都像自己的小孩一样,对他们从小到大的情况了若指掌。

"我们这里就两所幼儿园,上小学后,我们又有安亲班,所以几乎所有楠西孩子,我都认识。"

经过阿汉同意后,我翻看他的联络簿和作业本。联络簿可以提供很多信息:孩子的书写情况、作业和物品有没有忘记带、在学校发生事情的频率,考试成绩也可以一目了然。

"今天又带玩具来学校,上课的时候拿出来玩""作业缺交""下课和××同学冲突,推挤后跌倒,手肘受伤,已在保健室处理",几乎每两三天,阿汉的联络簿上就会有红字。

接着,翻看他的作业本。我特别喜欢看孩子的造句或小作文,因为有时可以一窥他们的心思。

"一……就……":老师一发考试卷,我就哭了,因为考不好。

"虽然……但是……":爸爸虽然很凶,但是会买陀螺给我。

"我希望"：我希望我可以变得更聪明，以后赚大钱，盖一间大房子。

阿汉的情形，看起来很明显是注意缺陷多动障碍。

我们来的这天，爸爸无法请假从高雄回楠西。园长拼命打电话给阿汉的妈妈，妈妈却语焉不详地说田里很忙，不能来。

等我们与其他预约的家长都咨询完毕后，园长和我讨论着该怎么办。

"谢医生，真的很对不起，明明昨天还说好阿汉的妈妈会过来的。"园长拼命道歉，"如果阿汉真的需要，我会努力说服他们去就医的。"

我还是第一次遇到这种情况，想了想，我说："这样好了，我写张字条给阿汉的爸妈，让他们知道我来过，也看过孩子了。"

阿汉爸妈，你们好：

　　我是谢医生。谢谢你们今天同意我来看阿汉。根据我的评估，阿汉十分聪明，但是注意力不集中，冲突性高，可能导致阿汉有许多情绪与学习问题。如果你们愿意，请带阿汉来医院接受仔细的评估，可能会对他有帮助。

我抱着姑且一试的心态，把纸条交给园长。

我们临走前，园长抱来一箱杧果。

"这是我们这边的特产。我们楠西的杧果吃起来就是有股特殊的香气。这还没熟喔！大概再放个几天才最好吃！"园长告诉我。

知道这是她深厚的心意，我便收下了。

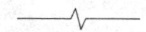

———◆———

下周夜诊时，没想到，阿汉和爸妈出现了。

"这个医生那天来安亲班看过我欸！"阿汉一进诊室，就兴奋地向爸妈介绍我。

"医生，金歹势①，那天我有工作没办法请假，他妈妈那天又很忙，害你白跑一趟。"阿汉的爸爸晒得黝黑，外表粗豪，却十分客气。

"没关系！也麻烦你们这么远跑一趟。"

我对他们详细解释那天看见的阿汉的情形，还有我担心注意力可能影响阿汉的学习、人际，等等。

最后，我为阿汉安排了测验。

"不好意思，可能至少要再麻烦你们来两趟。如果测验结果出来，真的是注意力不集中，可以吃药改善。我会帮你们转诊

---

① 金歹势，闽南语，"真不好意思"的意思。

到离你们近一点的诊所，这样你们比较方便拿药。"

知道路途遥远，我们特意找了离楠西近一些的家医科[①]诊所合作，在我们这里评估过后的孩子，未来可以转诊到那边进行固定追踪，放寒暑假时，再回来由我们评估。

"没要紧啦！我只有阿汉这个孩子，如果可以让他进步，拢[②]没要紧。"爸爸表示。

阿汉的测验结果，显示他的智商挺高，然而注意力不足和冲动的指标，也同样高得吓死人。我向阿汉的爸妈解释这份报告，调整好药物剂量后，将阿汉转诊到家医科诊所，持续追踪。

———◇———

后来我们前往楠西服务其他的孩子时，园长告诉我："阿汉现在真的进步得吓死人，本来拿进步奖，现在都拿前三名了欸！上次他们班有同学打架，他不但没加入，还冷静地去报告老师。连老师都对他刮目相看，说他现在是他们班的模范生。"

园长继续欣喜地说："他妈妈本来有点排斥用药，发现真

---

① 家医科，其可看的疾病特别广泛，可解决民众日常生活中大约八成的健康问题，甚至包括简单的心理咨询。此外，家医科还可提供各类健康检查以及减肥等特色门诊。
② 拢，闽南语，"都、皆、全部"的意思。

的有效后,现在都天天提醒他要吃药了。爸爸也说要向你说谢谢。"

园长的语调更飞扬了。

"我们这里有好几位家长,因为看到阿汉进步很多,都在问阿汉的妈妈,他们是怎么办到的。"

在偏乡推动儿少精神医疗,自然十分困难,一开始被家长放鸽子的比例很高,但坚持下去,却有着意想不到的收获。

阿汉成了我们的活招牌,那之后有好一阵子,陆陆续续地,有楠西的家长主动带孩子前来医院就诊,虽然每个孩子的情况不一,但确实也让好些孩子的问题被及早发现,协助资源能及早介入。

下班后,我看着冰箱里已然熟透的杧果,忍不住切一颗来品尝,一口咬下那香甜的橙黄,连鼻腔都尽是杧果香气。

偏乡的果实,果然值得耐心等待。

"我自己是老师，
结果连自己的孩子都教不好……"

——两岁多女儿的自闭症状，
让妈妈挫折自责，怎想到那竟是一种罕见病

遇见蕾蕾时，她两岁多，当时被诊断为孤独症的她，在语言认知与其他各方面的发育都明显迟缓，于是到了早疗机构，接受每周两次的认知及语言治疗。

> 两岁四个月女生，孤独症，目前接受疗育六个月。妈妈主诉本来会叫爸爸、妈妈，在接受疗育后，反而退步了，现在几乎没有口语。

给我们的转介单上这样写着，早疗结构似乎也对蕾蕾的退步感到挫折，不知该如何向家长交代。

一般来说，发育迟缓的孩子在接受早期疗育后，无论或快或慢，总是会有些进步。因此，机构也觉得蕾蕾的情形和其他孩子不大一样，请我们针对她的疗育计划给些建议。

这间早疗机构与我们配合已久,我很清楚他们是相当认真在替孩子们进行个别化的疗育,因此看到转介单上这样写,我也有些担心,很快就安排了时间,去机构看蕾蕾。

———⋀———

这所早疗机构是与幼儿园连在一起的,小班的孩子们正好下课,一堆孩子欢笑着奔跑到游戏场上,开始蹬阶梯、爬绳索、溜滑梯,十分热闹。

机构的社工是个笑容满面的年轻女生,让人感觉十分亲切,因为几乎每个月都见面,我们已十分熟稔。寒暄了几句,正打算到楼上的早疗教室时,蕾蕾刚好进了大门。

蕾蕾由妈妈牵着。妈妈的打扮简约而舒服,蕾蕾则穿着粉红色蕾丝小洋装,头发在阳光下是耀眼的金黄色,大大的眼睛搭配她白皙的皮肤,看上去十分可爱。但是由妈妈牵着的她,很明显地,脚步较为不稳,已经两岁多了,却还是像一岁的孩子一样迈着大步伐,摇摇晃晃地前进。对比后方在游戏场地上奔跑的孩子们,蕾蕾看上去吃力许多。

我们一行人陪着蕾蕾上楼,到了她熟悉的早疗教室里,蕾蕾直接就开始上课。社工向妈妈介绍我和个案管理师,接着我们坐在地板上,一边和妈妈谈着她的担心,一边观察蕾蕾在早疗课程中的表现。

"其实蕾蕾很小的时候,我就觉得她有点怪怪的,因为她和姐姐的发育情况差太多了。姐姐在一岁多的时候就会叫'爸爸、妈妈',很爱跟我们撒娇。蕾蕾也是在差不多一岁半的时候会叫我们,可是叫了几个星期之后,就突然都不叫了。"妈妈表示。

"然后,本来都已经可以放手让她自己走了,可是后来就没再进步过。就像你刚刚看到的,上下楼梯时还是得牵着她,不然很容易会跌倒。所以我赶快带蕾蕾去看医生,评估完说是孤独症,那能怎么办呢?当然要赶快治疗啊!所以我辞了工作,专心带她来上课。除了在这里,我们还有去医院上语言课、诊所做职能治疗[①]。在家里的时候,我也很认真地教蕾蕾认知和语言。"

"妈妈,你本来是做什么呢?"听妈妈说辞了工作,我问。

"啊……我自己也是幼教老师,结果连自己的孩子都教不好,到现在她还是不会说话。"

妈妈的语气中有着满满的自责,让人好不心疼。

在软垫上和早疗老师上课的蕾蕾,正拿黏黏球对着墙壁丢,

---

① 职能治疗,通过有目的的活动来治疗、协助及维持患者生理上、心理上的健康,或减轻及舒缓病者在发育障碍或社会功能上的障碍对他们的影响,使他们能获得最大的生活独立性。

但因为手部的精确动作不佳，她似乎一直很难学会在什么时机放开手中的球，以至于球一直在她手中，扔不出去。

在老师温柔的鼓励之下，蕾蕾尝试了一次又一次都不成功，她挫败地看向妈妈这边，妈妈给了她一个温暖微笑后，蕾蕾又继续尝试着。

这种母女间的短暂互动，其实是孤独症孩子身上较为少见的——如果蕾蕾不是孤独症……突然间，我想到了另一种我在受训期间学到的罕见病症。

蕾蕾终于成功地丢出了黏黏球，老师开心地拍拍手，对她说："好——棒——"也要蕾蕾学着拍手和说好棒。

蕾蕾不理老师，往旁边跑开，过程中，双手不断绞扭着，接着头往后扬，好像在往上看的样子。

——这下子，我心中真的敲了警钟，脑海中浮现我在另一所医院受训的那一年，曾每个月到"雷特氏特别门诊"看诊，在那里看到了来自全台的"雷特氏孩子"。

———⋀———

"雷特氏症"是一种罕见疾病，全台目前确诊的仅有八十名。多发于女孩。幼儿早期的症状很像孤独症，因此常常被混淆。

特别之处是，**雷特氏孩子一开始的发育常常还可以跟上同辈，但在两岁过后，孩子的发育却不断退化下去，还会伴随一**

些手部不断互相摩擦、绞扭或拍手的动作。而脖子后方的肌肉也因为张力较为不足，常常会出现向后仰的动作。

由于这是一种神经退化疾病，雷特氏孩子在十岁过后会逐渐失去运动功能，必须坐轮椅或卧床，其他症状包括肠胃失调、睡眠障碍、脊椎侧弯，甚至出现癫痫的状况。最终，往往因为呼吸困难而猝死……是一种令人心痛的疾病。

眼前蕾蕾反复搓手的样子，让我想到过去所见的那些雷特氏孩子们。我开始更仔细地追问妈妈蕾蕾这一年来的状况。

"妈妈，她常常出现这样搓手的样子吗？"我模仿着蕾蕾的动作。

"对啊，这几个月以来，好像常常看到。起先我以为她是开心的时候才这样，后来发现她有时没事也会这样搓搓搓。不过，这几个月来，她和我的互动倒是有进步，你看她又在看我了。现在她的眼神接触也比以前多，但就是不知道为何无法有口语表达。我在想，是不是应该帮她排更多课。"妈妈絮絮叨叨，反映出心里的着急。

厘清蕾蕾最近的病程之后，我也与蕾蕾互动了一会儿，确实如妈妈所说，蕾蕾现在的自闭症状变得不明显了，反而是这些重复性的手部动作在我眼中格外刺眼。

尽管心中千百个不希望蕾蕾是雷特氏症，我还是艰难地开了口。

"那个，妈妈，你有听过雷特氏症吗？"

———〜———

几个月后，门诊护理师对我说，外面有位妈妈没挂号，但是想进来和我谈一谈。

"她说是你之前在早疗机构看的小孩。"护理师表示。

门一开，是蕾蕾的妈妈，她笑着和我打招呼，亲切地坐了下来。

"谢医生，你穿上白袍，看起来就很像医生了呢。"她先这样打趣我说。我不穿白袍时，常常被误认成大学生。

"那天你那样讲，我心里半信半疑。不过，你说得有道理，我想不管怎么样，去检验一下还是比较心安，而且这与蕾蕾之后的疗育方向很有关系。所以我后来听你的话，带蕾蕾去了雷特氏特别门诊，检验结果……是阳性。"

妈妈一鼓作气地说完这些，眼睛望着地板，似乎一动，眼泪就会掉下来，空气中满溢着鼻酸。

我轻轻地叹了口气："真的很——"

我那句"遗憾"来不及说出口，妈妈打断了我。

"不过，我今天是来向你道谢的。"

妈妈偷偷擦掉眼角的泪水，抬起头来，笑着对我说。

"还好你发现了这个状况，我之前一直逼着蕾蕾上更多课，她越上越退步，我就越着急，甚至有时候还会忍不住打她、骂她。现在就像你说的，我们的疗育方向完全改变了，**我变得只希望她开开心心地成长就好**。我们加入了雷特氏病友会，得到了很多有用的资源和经验，也可以更快知道现在有什么新药在研发中。"

"嗯，虽然我不是学小儿神经科的，这方面我不是那么了解，不过雷特氏症的病因已经越来越清楚了，希望新药可以很快出现。"

"这一路走来，心情的转折实在有点大，不过，我还是要很郑重地对您说……"

妈妈认真地看着我。

"还好有遇到你，谢谢。"

收到这样的道谢，目送妈妈出门，儿心科医生心里像搅和了千万种滋味，久久难散。

"我太自私了，只顾自己难过，
忽略了孩子的感受……"

——妈妈过世后，爸爸也缩入自己的世界，
孩子变得更暴躁易怒、更不安

这所与我们合作的特教学校，需要开车在高速公路上飞驰一个多小时，再驶过两旁都是稻田的省道之后，才能抵达，我们每两周前往服务一次。

一进学校，眼中的画面有：因严重脊椎侧弯，老师为她准备瑜伽垫，只能躺在地上上课的孩子；全校防灾演习时，完全不知在做什么的孩子们被带到操场上，愉快地追起蝴蝶，远方有供马术治疗的马匹在吃草；孤独症大孩子上完体育课，庞大的身躯窝在滑梯上，就不动了，老师怎么要求他进教室，他都不理，那副模样，着实像尊不动如山的弥勒佛。

———∧———

我们第一次入班观察，是为了一名高二的男生，老师说他不知为何常常发脾气。

那堂课是手工训练，学生们要把一摞摞金纸塞进包装纸里。我和心理师、社工师一行人蹑手蹑脚地走进教室后方，寻了三张板凳坐下，要观察的孩子就在我们正前方。

课一开始，这个名为小璧的大男孩认真做着手上的工作，却因为精细动作不佳，金纸没有封齐，动作不太顺利。十几分钟过去，他开始焦躁地揉眼睛、跺地、敲桌。最后，他愤怒地把金纸往空中一撒，满天飞舞的金纸像雪花般片片翻飞。

老师语气坚定地要小璧把金纸捡回来放好，他僵了好一会，终于起身去捡，但就在将要捡起时，眼角余光瞥见了我们这群陌生人，不喜陌生事物的他再次将金纸撒开了。老师提高声音规劝，于是他脱下鞋子，朝我们扔来。

"啪！"我们动作灵便地躲闪，鞋子扔到了教室的侧柜门上。

老师抓着他的手，陪他冷静了好一会。接着，小璧垂头丧气地把鞋子和金纸都捡回，也差不多到了下课时间。

我们向老师了解小璧平时上课的情形，原来我们并不是第一个被扔东西的人。

"他一旦发起脾气来，不只鞋子，连桌子、椅子都可以掀。"老师挽起袖子，露出被指甲抓伤的伤口，"这是家常便饭，总是得阻止他，不然伤到其他同学就糟了。"

小璧的口语表达能力迟缓，虽能简短地说几个单字，但也常

词不达意。他能表达情绪的方法有限，所以在需要帮忙时，没有办法适时地求助，等到老师发现他不对劲时，常常已是他脾气一发不可收拾的时候。此外，他有许多重复性动作、不喜欢突然的改变，等等，都是孤独症典型的症状。

或许因为台湾儿心科医生太少，偶尔会见到年纪比较大的孤独症孩子在小时候并未被诊断，只被当成一般智能障碍送进特教学校，也因为这样，老师对于他们的自闭症状了解也不多。小璧就是其中一员。

我拿着金纸和纸袋研究了好一会，建议老师，包装金纸的流程可以有一些辅具，例如先将金纸放进小篮子里，对齐后再拿出，这样就比较容易塞进纸袋里。老师也欣然接受了这个建议。

―――〜―――

两周后，小璧的老师告诉我们，小璧上金纸包装课的状况进步了，但在其他课程，他还是很容易发脾气。

小璧的"点"太多，有的实在很难观察，更别提预防了。我建议还是就医吧，现在已经有很好的孤独症药物可以帮助他控制情绪，如果他的情绪较为稳定，高中毕业后，或许可以在庇护性的工厂工作。但如果情绪不够稳定，以后很可能就没有地方可以让他待着。

"爸爸很排斥精神科，好像和他过世的妈妈有关。"老师告诉我们。

我们希望约爸爸到学校来，当面向他说明我们的治疗计划，但爸爸怎么都不愿意。

最后，只好派出个案管理师和校方一起去进行家访。好说歹说，小璧的爸爸终于愿意到学校开个案讨论会。

个管师在家访之后，转告我当天的情形。为了配合学校的时间，她当天早上六点就出发，回来之后简直累瘫了。

"他们家是那种很古老的三合院。爸爸的工作还蛮稳定的，是政府机关大楼的管理员。看到我们，他也很客气，还泡茶给我们喝。"

"那怎么会那么难沟通呢？"我问。

"对啊，我也想不通。看到家里的家具都被小璧摔得乱七八糟，我苦劝爸爸带孩子就医，但他很矛盾，一方面好像有难言之隐，看到我们去时又好像很感动。总之，最后他终于答应到学校开个案讨论会了。剩下的就交给你了。"精疲力竭的个管师以交棒的姿态对我说。

"对了，他们家只有妈妈的照片放得很整齐，就摆在电视旁边。"她突然想到什么似的补充。

个案讨论会那天，我们在学校的会议室排排坐下，小璧的导师、辅导老师与各科老师都到了。

主持会议的辅导主任向我们介绍："这位是小璧的爸爸。"

一位公务员模样的中年男子站起身来向我们鞠躬问好，黑发中夹杂了不少白发，使他看上去颇为沧桑。

我说明了上次入班观察的发现，以及为何建议小璧服药，而当接下来与爸爸厘清不愿意带孩子就医的原因时，一个四五十岁的男人竟声泪俱下。

"小璧的妈妈有双相情感障碍，一直都有吃药控制，但前年得了乳癌，治疗没多久就走了。我一直不想对孩子提这件事，也不晓得他到底懂不懂。可是自从妈妈离开后，他好像也知道什么，脾气变得越来越差，我想，或许他也是想妈妈……

"我不晓得是不是和精神科的药有关系，不然怎么会年纪轻轻就得癌症……

"我也明白这样下去不是办法，担心小璧从这边毕业后，没有地方去。**我老了以后，他怎么办？**"

会议室的气氛有些哀恸，却也有种释放的氛围。小璧的爸爸在妻子过世后，很少和别人谈起这段伤心往事，每天埋首管理员的工作，逃避与孩子互动。有时孩子发脾气，家里的所有东西任他砸烂、摔坏，爸爸也无力阻止，或许在爸爸心中，满目疮痍的不只是家具，而是心吧。

让爸爸把这些心事说开后，待他擦干了眼泪，我再次说明可能的医疗计划：因着孩子过去的癫痫史，考虑安排做脑波检查；爸爸觉得孩子可能有头痛和牙痛的问题，只是困于口语能力有限，无法表达，我告知我们会帮助小璧挂号、处理；待这些身体检查告一段落，再考虑让孩子服药，协助情绪的控制。

"或许就像爸爸说的，小璧也觉察到妈妈不见了，所以心里很不安。**他很需要你的陪伴，只是说不出来。**"我对爸爸说。

"这两年我太自私了，只顾着自己难过，忽略了他的感受……"爸爸流泪道。

会议结束，爸爸对我们及校方人员，真挚而简短地说了声"谢谢"。

几个月后，我们又在学校操场上看到小璧。他平稳地骑着脚踏车，阳光洒在他的脸上，他绕着操场，一圈又一圈。

老师说，他在服药后，脾气好多了，几乎没再动手摔过东西或打过人。校方正努力协助他进行职能训练，爸爸也重新开始与孩子互动，并且请老师向我们转达感谢。

操场边缘,有一小片盛开的波斯菊,另一班的孩子们在花丛里笑着,排排站着等老师帮他们照相。

这次我们要看的孩子是个四年级学生,因不明原因头顶秃了一块,正绕着校园跑跑跳跳。我们向小璧的老师道过再见,转身准备走近下一个孩子。

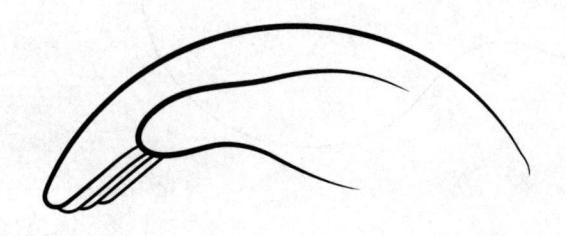

衷心期盼每个家庭都能够平安，
都能够尽早找到相处、相爱的方式，
别总是需要病痛和死亡来提醒，
要去理解与珍惜，
彼此能够相处的每一天。

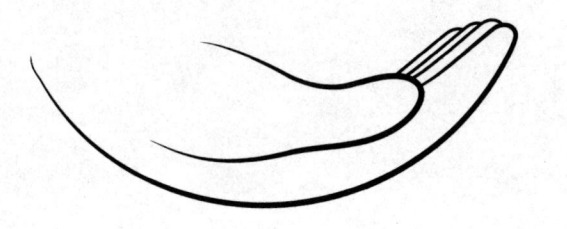

作者后记

这是我的儿心科素描本

记得2019年儿童青少年精神医学会年会前，我和两位编辑约在会场对面的餐厅，讨论着这本书想要写些什么。

那是夏天，正中午的阳光炙热。我知道对面的会场里，有许多致力于儿童青少年心理健康的前辈和同事们，都是可爱的人。

儿心科医生在台湾地区仅有两百多人。我们必须在成为精神科专科医生后，再花一整年的时间受训，内容是儿童青少年各种情绪行为问题、心理健康、精神医学。简单说，就是整天都跟这群孩子们混在一起。

通常在精神科专科医生受训的第三年，住院医生会到儿心科受训至少三个月。当时我的生活，一下子从成人精神科奇幻费解的言谈中，转换到儿心科发育迟缓孩子牙牙学语的模样，心情像洗桑拿一样。

有次在门诊，一个没有口语（还不会说话）的孤独症孩子从妈妈的大腿滑下来，挨到我身旁，轻轻地用头撞了我的腰一下。我傻眼，孩子的妈妈笑着对我说："这是他喜欢你的表示呢。"要结束看诊时，孩子竟然真的过来跟我讨抱抱。

他们喜欢我，我也喜欢他们。孩子对你毫无保留的笑容，比什么都疗愈。于是，我在考上精神科专科医生之后，便选了儿心次专科受训，希望可以让自己未来在面对这个年龄层的小病人时，更有信心和能力去帮助他们。

如今成为儿心科医生数年后，我依然会在看到孩子时不自觉地微笑，有时常常一个门诊看完后，才发现嘴角竟然笑到很酸。

由于人数稀少（我常开玩笑说，台湾地区的儿心科医生比台湾黑熊①还少），很多人不清楚儿心科医生的工作内容是什么，甚至连有这个专科门诊都不知道。

这种现象，大概跟儿心科医生这群人的个性有关。因为长期与孩子们相处，这群人的个性大抵都是有点天真可爱、有童心、不喜张扬争辩、温文低调，像夜空里默默挂着的月亮，守护着这群夜路上的孩子。

在这个需要营销自己、各方抢夺资源和话语权的年代，儿心科医生们这种个性便不免有些吃亏。默默做了很多，但很少有人知道儿心科医生究竟在做些什么。

所以我写了这本书，希望可以像一张儿心科医生的名片，用大家都容易有共鸣的故事，一窥儿心科诊室日常都在发生些

---

① 台湾黑熊，又称月牙熊，是亚洲黑熊的亚种，主要分布在台湾地区。它是一种珍贵的熊科野生动物，以其胸前的新月形白毛而著名。

什么。

我也希望大家知道，比我耐心专业、和蔼可亲的儿心科医生比比皆是，这些令人动容的故事，每天都在儿心科诊室发生着，我只是刚好有一个机会、一支笔，把它们素描下来而已。

我有许多可敬的前辈，有的为了推动发育迟缓的孩子的早期疗育而奔走；有的为了心智障碍大孩子的心理健康而努力；有的为了注意缺陷多动障碍去污名化而募款、组协会；有的埋首做科学研究，想找出更新、更好的治愈模式。也有温柔的同事，当对光敏感的孤独症患者进诊室看诊时，会为患者关上一盏灯。

然而，即使大家默默做了这么多，但我们医生很少以通俗的语言，来温柔地与社会大众沟通。

七年的医学系生涯（现在已改成六年），再加上动辄四五年的专科医生养成训练，医生学过的知识和读过的书本可以堆叠成一座高塔。我们站在塔顶，看见更高、更远的风景，却也拉开了我们与大众的距离。医生不够接地气，于是很难把我们想要用所学帮助病人的心意，传递到病人或家属的心里。再加上大众对精神科长期的误解和偏见，更让我们与需要帮助的孩子和家长之间，距离越来越远。

教养专业的书已经很多，这本书想传达的不是那些。本书的初衷是希望让大众更了解儿心科医生的诊室日常，可以对我们感觉更加亲切，在真的需要帮助时，脚步不至于犹豫太久。

感谢走过、路过、陪伴过我生命的人们，是你们和我一起成就了这本书。

特别感谢每位把人生带来诊室与我分享的、大大小小的你们，身为一位儿心科和精神科医生，最辛苦但也最幸运的就是有听不完的故事。希望我的记录和记得，对你们来说，也是一份礼物。

出版后记

听懂孩子的呼救

几乎每隔一段时间就能在微博热搜上看到孩子自杀的新闻,但这些被社会大众关注到的青少年自杀案例只是极少数,自杀已经成为我国青少年死亡的重要原因之一,这一点虽未有权威数据的支持,但在各种研究报告中不难发现。例如,一项综合2000—2013年全国研究数据的元分析报告显示,有17.7%的中学生有过自杀的想法,7.3%的中学生有过自杀计划,2.7%的中学生自杀未遂。[1]

我们在为这些逝去的年轻生命惋惜心痛的同时,也不禁开始追问:我们的孩子到底怎么了?不论孩子走上自杀绝路的原因是什么,有一点可以肯定,那就是他们都曾以某种方式向父母、师长或者同辈求救过,只是他们的呼救被忽略或误解了,他们的痛苦无人知晓。

怎样才能听到并听懂孩子无声的呐喊,帮助他们从大人所不知道的伤痛中解脱出来?首先需要意识到:大人眼中无关紧要的小事,可能是令孩子窒息的压力;大人不理解的情绪波动、

---

[1] 董永海、刘芸、刘磊、何维、彭广萍、殷玉珍、陈婷、毛向群. 中国中学生自杀相关行为报告率的 Meta 分析 [J]. 中国学校卫生,2014(4)。

行为变化，正是孩子释放的求救信号。但遗憾的是，很多家长要么因为缺乏相关知识或忙于工作等因素无法敏锐地察觉到孩子的这些求救信号，要么因为一些刻板老旧的观念或社会对精神疾病的歧视而有意无意地忽略孩子的呼救，使孩子没能及时得到帮助，继续深陷在痛苦无助之中，甚至越陷越深，直至酿成无可挽回的悲剧。

本书的作者谢依婷是一名儿少精神科主治医师（这个领域的专科医师在全台湾地区只有两百多位），她用温柔细腻的笔触把 20 余个发生在儿心科的真实故事呈现在读者面前，让读者可以在一个个有血有肉的故事中明了来自孩子自身（注意缺陷多动障碍、亚斯伯格症、孤独症等精神疾病）、家庭（单亲家庭、家庭不和睦、亲人离世等）、同辈（同学排挤、校园霸凌、早恋等）、社会（性侵、对精神疾病的歧视）等方面的压力和求救信号。

我们把这本书分享给大家，希望它可以帮助大家听见孩子无声的或说不出口的呼救与呐喊，温柔地理解、接纳孩子；同时希望它可以减少社会大众对精神疾病及其治疗的偏见和刻板印象，让有需要的孩子及家长少一些顾虑，及早寻求专业人士的帮助。

最后，祝愿所有的孩子都能健康快乐地长大！